大疆OSMO Pocket 3

Vlog 拍摄剪辑完全攻略

吾影视觉 —— 著

U0264958

人民邮电出版社

北京

图书在版编目（CIP）数据

大疆 OSMO Pocket 3 Vlog 拍摄剪辑完全攻略 ／ 吾影
视觉著. -- 北京 ： 人民邮电出版社，2025. -- ISBN
978-7-115-66023-7

Ⅰ. TB869；TP391.413

中国国家版本馆 CIP 数据核字第 2024BG1532 号

内 容 提 要

本书介绍了视频影像创作中一些基本的概念，细致讲解了大疆 OSMO Pocket 3 这款产品的性能特点、各种功能的原理与使用技巧、软硬件拓展，以及一些特殊玩法。阐述了影像创作所需要的基本理论、运镜技巧、剪辑与调色技巧等知识。

本书内容全面，语言简洁、流畅，并附赠视频剪辑部分的全部素材文件，适合OSMO Pocket 3 用户学习和参考。

◆ 著　　　吾影视觉
　　责任编辑　杨　婧
　　责任印制　周昇亮
◆ 人民邮电出版社出版发行　　北京市丰台区成寿寺路 11 号
　　邮编　100164　电子邮件　315@ptpress.com.cn
　　网址　https://www.ptpress.com.cn
　　北京宝隆世纪印刷有限公司印刷
◆ 开本：690×970　1/16
　　印张：11.5　　　　　　　　　　2025 年 2 月第 1 版
　　字数：291 千字　　　　　　　2025 年 4 月北京第 5 次印刷

定价：69.00 元

读者服务热线：(010)81055296　印装质量热线：(010)81055316
反盗版热线：(010)81055315

前言

口袋相机作为一款小巧便携、功能丰富的摄影设备，近年来受到了广大用户的喜爱。其优点不仅体现在便携性和易操作上，还体现在拍摄质量、防抖功能以及多功能应用等方面。随着科技的进步和用户需求的变化，口袋相机的未来前景也愈发广阔。

口袋相机设计紧凑，重量轻，非常适合随身携带。无论是外出旅游、户外探险还是日常生活，用户都可以轻松将其放入口袋或背包中，随时随地记录生活中的美好瞬间。

相较于传统相机，口袋相机的操作更加简单直观。无需复杂的设置即可快速上手。此外，许多口袋相机还配备了智能拍摄模式和自动美颜功能，进一步降低了摄影门槛，让更多人能够享受到摄影的乐趣。

尽管体积小巧，但口袋相机的拍摄性能并不逊色。许多口袋相机配备了高分辨率的传感器和高质量的镜头，能够拍摄出清晰、细腻的照片和视频。同时，通过优化对焦、曝光和白平衡等技术，口袋相机还能够适应不同的拍摄场景和光线条件，确保拍摄质量。

除了基本的拍照和录像功能，许多口袋相机还支持定时摄影、全景拍摄、慢动作拍摄等特色功能。这些功能不仅丰富了用户的拍摄体验，还使得口袋相机在更多场景中得到应用。

大疆的OSMO Pocket系列产品主打便携功能，利用多种操控方式实现不同种类的拍摄。主要定位于日常生活记录，同时增加运动相机、Vlog属性，结合特色短视频功能，实现快速拍摄及分享。

OSMO Pocket 3这款产品将云台与拍摄镜头相结合，在保证相机小巧便携的基础上，实现更加稳定的拍摄效果，帮助用户随手拍摄出高品质的短片。本书我们将围绕OSMO Pocket 3这款产品讲解如何借助口袋相机进行摄影与短视频创作的各种技巧。

编者

2024年10月

目录
CONTENTS

第4章

OSMO Pocket 3的软硬件拓展

第5章

OSMO Pocket 3的高级玩法

第8章
短视频拍摄用光常识

第9章
认识各种视频镜头

第一章

视频影像基础

本章我们将介绍视频（短视频）的基本概念与常识。学习本章内容，会对读者后续学习短视频拍摄与剪辑有很好的帮助。

1.1　认识视听语言

简单来说，视听语言就是一种利用视听组合的方式向受众传达某种信息的感性语言。

视听语言主要包括三个部分：影像、声音、剪辑。三者的关系也很明确，将影像、声音通过剪辑，构成一部完整的视频作品。

视觉元素主要由画面的景别大小、色彩效果、明暗影调等元素构成，听觉元素主要由画外音、环境音、主题音乐等音响效果构成。二者只有高度协调、有机配合，才能展示出真实、自然的时空结构，产生立体、完整的感官效果，从而创作出好的作品。

  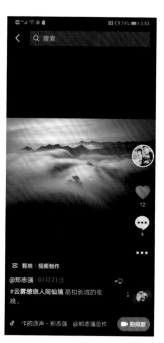

从上面的3个短视频画面中，可以看到影像的变化，截图右下角可以看到音频的标识

1.2　帧的概念与帧频的设定

在描述视频属性时，我们经常会看到50Hz 1080i或50Hz 1080P这样的参数。

我们首先明确一个原理，即视频是一幅幅连续运动的静态图像，持续、快速显示，最终以视频的方式呈现。

视频图像实现传播的基础是人眼的视觉残留特性，当每秒连续显示24幅以上不同的静止画面时，人眼就会感觉图像是连续运动的，而不会把它们分辨为一幅幅静止画面，因此从再现活动图像的角度来说，图像的刷新率必须达到24Hz以上。这里，一幅静态画面称为一帧画面，24Hz对应的是帧频率，即一秒显示过24帧的画面。

24Hz只是能够流畅显示视频的最低值，实际上，帧频要达到50Hz以上才能消除视频画面的闪烁感，并且此时视频显示的效果会非常流畅、细腻。因此，当前很多摄像设备已经出现了60Hz、120Hz等超高帧频的参数性能。

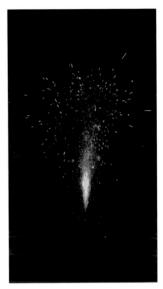

左图为24帧的视频画面截图；右图为60帧的视频画面截图，可以看到右图画面更流畅、清晰

1.3 认识视频扫描方式

在视频性能参数当中，i与P代表的是视频的扫描方式。其中，i是interlaced的首字母，表示隔行扫描；P是Porgressive的首字母，表示逐行扫描。多年以来，广播电视行业采用的是隔行扫描，而计算机显示、图形处理和数字电影则采用逐行扫描。

构成影像的最基本单位是像素，但在传输时并不以像素为单位，而是将像素串成一条条的水平线进行传输，这便是视频信号传输的扫描方式。1080就表示将画面由上向下分了1080条由像素构成的线。

逐行扫描是指同时将1080条扫描线进行传输，隔行扫描则是指把一帧画面分成两组，一组是奇数扫描线，一组是偶数扫描线，分别传输。

相同帧频条件下，逐行扫描的视频信号画质更高，但对于传输视频信号需要的信道太宽了。在视频画质下降不是太大的前提下，可采用隔行扫描的方式，一次传输一半的画面信息。与逐行扫描相比，隔行扫描节省了传输带宽，但也带来了一些负面影响。由于一帧是由两场交错构成的，因此隔行扫描的垂直清晰度比逐行扫描要低一些。

1.4 常见的视频分辨率

分辨率是指一帧视频画面包含的像素多少，它直接影响了视频画面的大小。分辨率越高，视频画面越大，画面越清晰；分辨率越低，视频画面越小，画面越模糊。

常见的视频分辨率如下：

4K：4096x2160（像素）/超高清

2K：2048x1080（像素）/超高清

1080P：1920x1080（像素）/全高清（1080i 是经过压缩的）

720P：1280x720（像素）/高清

通常情况下，4K和2K常用于计算机剪辑；而1080P和720P常用于手机剪辑。1080P和720P的使用频率较多，因为它的容量会小一些，手机编辑起来会更加轻松。

可以看到4K视频画面的像素较高，所以细节非常丰富、细腻

720P视频画面像素较低，细节损失比较严重，画面出现了一些模糊的问题

1.5　什么是码率

码率，是指视频文件在单位时间内使用的数据流量，也叫码流、码流率、比特率。它是视频编码中画面质量控制最重要的部分，通常用"比特每秒"（bit/s或bps）作为度量单位，常用的表示还有kbps和Mbps。

一般来说，同样分辨率下，视频文件的码率越大，压缩比就越小，画面质量就越高。同时，码率越大，文件也越大，其计算公式是：视频文件大小=视频时长×码率/8。例如，一部60分钟、码率为1Mbps的720P视频文件，其文件体积为3600秒×1Mbps/8=450MB。

静态比特率（CBR）：代表固定比特率，意味着编码器或解码器每秒钟的输出码率（或输入码率）是固定的。

动态比特率（VBR）：代表可变比特率，意味着编解码器可以根据数据量的大小自动调节带宽。

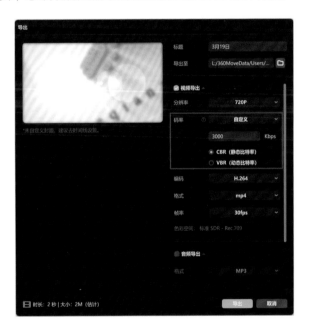

如果我们要在保证视频分辨率的前提下，缩小视频体积，就要在输出视频时进行码率的自定义设置。缩小码率可以缩小视频体积，但要注意码率不能设置过低，否则画面就会出现模糊的问题

1.6　三种重要的视频格式

视频格式是指视频保存的一种格式，用于把视频和音频放在一个文件中，以便同时播放。常见的视频格式有MP4、AVI、MOV等。

这些不同的视频格式，有些适合网络播放及传输，有些更适合在本地设备中以某些特定的播放器进行播放。

1. MP4

MP4全称MPEG-4，是一种多媒体计算机档案格式，扩展名为.mp4。许多电影、电视、视频格式都是MP4格式，其特点是压缩效率高，能够以较小的数据量呈现出较高的画质。

2. MOV

MOV是由Apple公司开发的一种音频、视频文件格式，也就是平时所说的QuickTime影片格式，常用于存储音频和视频等数字媒体。它的优点是影片质量出色，不压缩，数据流通快，适合视频剪辑制作；缺点是文件较大。在网络上一般不使用mov及avi等数据量较大的格式，而是使用数据量更小、传输速度更快的mp4等格式。

3. AVI

AVI是由微软公司在1992年发布的视频格式，是英文Audio Video Interleaved的缩写，意为音频视频交错，可以说是最悠久的视频格式之一。AVI格式调用方便、图像质量好，但数据量往往会比较庞大，并且有时候兼容性一般，有些播放器无法播放。

1.7　视频编码方式

视频编码格式是指对视频进行压缩或解压缩的方式，或者说是对视频格式进行转换的方式。

压缩视频数据量，必然会导致数据的损失，如何能在最小数据损失的前提下尽量压缩视频数据量，是视频编码的第一个研究方向；第二个研究方向是通过特定的编码方式，将一种视频格式转换为另外一种格式，如将AVI格式转换为MP4格式等。

视频编码格式的主要目的是减少视频数据的大小，以便更高效地存储和传输。通常是通过去除视频数据中的冗余信息、降低图像质量或降低帧率等方式实现。同时，视频编码格式也需要考虑视频的解码效率和播放质量，以确保在压缩后的视频数据能够保持良好的观看体验。

注意，视频编码格式和视频文件格式并不相同。例如，H.264是一种视频编解码标准，而MP4则是一种视频格式。虽然H.264是MP4最常用的视频编解码器，但MP4格式还可以使用其他编解码器，如MPEG-4和H.263等。

• TIPS •

对于相同的视频格式，其封装的视频和音频编码格式可能会有所不同，因此可能会出现相同后缀名的视频文件有的可以播放、有的却无法播放的情况。

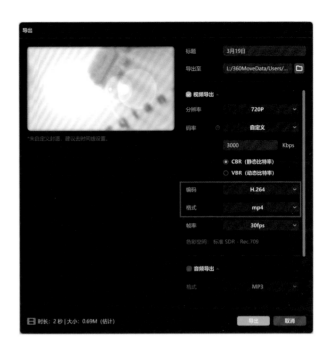

大部分情况下，输出视频时，我们应该
将视频的编码标准设定为H.264，这
时可以在格式中选择mp4格式。这种
设定可以确保我们输出的视频在不同设
备上有更好的兼容性

1.8 什么是视频流

我们经常会听到 "H.264码流" "解码流" "原始流" "YUV流" "编码流" "压缩流" "未
压缩流" 等叫法，实际上这是对视频是否经过压缩的一种区别和称呼。

视频流大致可以分为两种，即经过压缩的视频流和未经压缩的视频流。经过压缩的视频流也被称
为 "编码流"，目前以H.264为主，因此也称为 "H.264码流"。未经压缩的视频流也就是解码后的
流数据，称为 "原始流"，也常常称为 "YUV流"。

从 "H.264码流" 到 "YUV流" 的过程称为解码，反之称为编码。

举例来说，当你在网上观看视频时，视频数据会以流的形式从服务器传输到你的设备。这个流就
是视频流。由于视频流技术的使用，你可以在视频文件完全下载之前就开始观看，这就是所谓的 "边
下边播"。同时，视频流也可以被压缩，以减少传输所需的时间和带宽，这就是编码流的应用。当视
频在你的设备上播放时，它会被解码为原始流，也就是YUV流，以供你的设备显示。

总的来说，视频流技术使得我们可以更流畅、更高效地观看网络视频，极大地提升了用户体验。

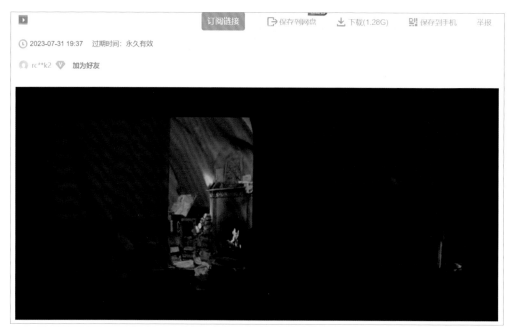

我们在网页、App等平台上看到的在线视频大多都是流媒体，也就是视频流的形式。

1.9 Rec.709色彩标准："所见即所得"

Rec.709色彩标准是高清电视（HDTV）的国际标准，被各大电视台在拍摄、采集、解码、制作、传输及播放HDTV节目时广泛采用，这些环节都是基于Rec.709色彩标准进行的。因此，Rec.709色彩标准可以理解为高清电视节目的色彩标准。

此外，Rec.709色彩标准也是相机和手机的默认设置。我们平时看电视节目的时候可以显示的色彩范围，也是基于Rec.709色彩标准。该色彩标准的特点是"所见即所得"，在摄像机屏幕上显示成什么颜色，最后成片就是什么颜色。

Rec.709色彩标准是目前应用最广泛的高清电视标准之一，也是家用投影机使用的最常见的色彩标准之一。对于大多数人的日常需求，Rec.709的色彩表现已经足够。

Rec.709色彩标准也存在一些缺点，首先，它的色彩范围较窄，这意味着它可能无法准确表示一些特定的、饱和度较高的颜色。另外，随着HDR技术的普及，用户对更高质量视频的需求也在增加。然而，Rec.709色彩标准在支持HDR方面存在局限性，无法充分展示HDR内容中的丰富色彩和细节。

可以看到，我们拍摄的Rec.709色彩标准的视频画面，整体影调及色彩相对都比较理想，接近人眼直接观察的效果

1.10　Log视频：宽广的动态范围

Log（Logarithmic）视频是一种对数色彩空间的视频格式，它将视频信号转换为对数曲线进行记录。Log视频具有宽广的动态范围和丰富的色彩信息，可以在后期进行较大的色彩调整和细节增强。这种格式常用于电影制作和高端电视节目制作，以获得更接近人眼视觉感知的色彩和亮度表现。

（1）为了记录和显示宽广的动态范围及丰富的色彩信息，Log视频对拍摄设备和显示设备的性能要求较高。

（2）Log视频的色彩需要后期处理进行还原：由于Log视频的色彩空间较宽广，直出的视频色彩往往看起来较为平淡，需要通过后期处理进行色彩还原和调整。

（3）由于记录的信息量较大，Log视频的文件通常比常规视频格式要大，对存储和传输带宽的要求也较高。

（4）有些Log视频可能为10bit，所以即便是MP4格式，很多播放器也无法播放。

可以看到，我们拍摄的Log视频的影调及色彩都不够理想，但是画面的细节是非常丰富的

将Log视频载入播放器之后，会弹出提示，大多数播放器是没有办法直接播放的

1.11　RAW视频: 记录最完整的原始信息

　　视频是由一帧帧画面连续播放构成的，通常每一帧的画面是一张JPEG图片。我们知道JPEG图片是经过压缩的，所以最终构成的视频信息也会丢失很多。RAW视频是指未经过压缩、处理、调色等任何加工的原始视频素材，就相当于每一帧画面都是一个RAW格式文件，这为后期编辑视频留下了巨大的空间。由于RAW视频没有经过压缩处理，因此文件相对较大，需要更多的存储空间。一般情况下，RAW视频更适合专业的视频制作和后期处理。

整体来看，RAW视频是一种高质量的视频格式，适用于专业制作和高端应用。它提供了更好的色彩和细节表现、更大的动态范围以及更大的灵活性和创意空间。然而，由于其文件较大、对硬件设备要求较高以及需要专业的后期处理等因素，也带来了一些挑战和额外的处理需求。

除少数极致风光视频外，大部分视频其实没必要拍摄RAW视频。

RAW视频的原始文件是一系列RAW格式照片，这些RAW格式照片就是视频的帧画面。后期剪辑与调色时，我们可以对每一帧画面进行精修，这样可以确保我们得到更完美的视频效果

第 2 章

OSMO Pocket 3
的性能优势

大疆OSMO Pocket系列产品主打便携功能，利用多种操控方式实现不同种类的拍摄。主要定位于日常生活记录，同时增加运动相机、Vlog属性，结合特色短视频功能，实现快速拍摄及分享。

OSMO Pocket 3这款产品将云台与拍摄镜头相结合，在保证小巧便携的同时，还能实现更加稳定的拍摄效果，帮助用户随手就能拍摄出高品质的短片。本章我们讲解OSMO Pocket 3这款产品的性能优势，帮助用户熟悉器材，快速拍出好看的照片与短视频作品。

2.1　旋屏秒开机

　　传统的拍摄过程需要用户取出相机，按开机键、经过各种设定等操作才能开始。这种复杂的过程会让我们错失很多转瞬即逝的精彩画面。用户喜欢OSMO Pocket 3的一个原因就是快捷。在需要争分夺秒时，OSMO Pocket 3的启动和拍摄速度完全出乎你的想象，能够帮你快速捕捉精彩的瞬间。

　　取出OSMO Pocket 3，旋转屏幕即开机，启动过程仅需1秒钟。

手指旋转屏幕到横屏位置

此时可以看到OSMO Pocket 3
已经启动

2.2　一英寸的影像传感器

相机的传感器尺寸对于成像画质有较大影响。一般来说，传感器尺寸越大，其对于光线的捕捉面积越大，可以收集更多的光线，在同样的时间里，其能够获得更多的光子，从而提高相机的感光度。在不同的光线条件下，它能够提供更好的画质、更强的低光性能和更高的动态范围。

OSMO Pocket 3 搭载强劲的一英寸的影像传感器，可清晰捕捉光影细节。强大的光学能力带来了影像质量的较大提升，并且可确保在弱光环境下有更好的成像效果。OSMO Pocket 3 的夜景拍摄能力经过专项画质优化，可确保夜景成像画面非常清晰、色彩纯净。

OSMO Pocket 3采用了一英寸的影像传感器

拍摄风光题材时，OSMO Pocket 3有非常好的色彩与细节

拍摄弱光题材时，OSMO Pocket 3有非常清晰的画质，并且色彩非常纯净

2.3 10-bit D-Log M格式的强大记录能力

与单张照片拍摄RAW格式文件，之后再对RAW格式文件进行全方位后期处理得到画质与色彩等更出众的效果一样，拍摄视频时，我们也可以拍摄Log模式，最后对Log模式原片套用LUT预设，或是直接进行调整，就可以得到画质与色彩更好的视频。

OSMO Pocket 3可记录专业创作必备的 10-bit D-Log M 格式，这种格式可记录更丰富的色彩信息，即使在日出和日落等大光比环境下，色彩过渡依然平滑细腻，画面观感舒适。

使用OSMO Pocket 3记录下10-bit D-Log M 色彩模式的原视频后，用户可以登录大疆官网，进入下载中心，下载"DJI OSMO Pocket 3 D-Log M to Rec.709"，对视频套用LUT进行快速优化。

借助OSMO Pocket 3的10-bit D-Log M格式，我们可以记录下每一个场景足够丰富的细节

对OSMO Pocket 3拍摄的Log视频进行后期处理，可以得到细节丰富、色彩纯净的视频画面

2.4　HLG 模式，记录更多色彩与高光细节

在拍摄照片时，遇到超大光比的场景，我们可以借助HDR等模式来得到更大动态范围的画面，呈现高光或暗部足够丰富的细节。

对于OSMO Pocket 3来说，用户可以设定以HLG模式拍摄大光比场景的视频，从而记录下高光和暗部足够丰富的细节和色彩信息。

HLG是Hybrid Log Gamma的首字母缩写，是一种HDR效果，并且可以根据不同的显示设备，显示出不同程度的 HDR 效果，可以理解为是一种具备自适应性能的HDR。

借助OSMO Pocket 3的HLG模式，最终我们可以记录下足够丰富的高光与暗部细节和色彩信息

2.5　4K/120fps 超高清拍摄

4K 超高清画面可记录更多细节，120fps 拍下的动态瞬间可让画面更显连贯流畅。

我们在拍摄高速运动的对象时，如果要让拍摄对象的每一个动作都非常清晰，往往需要设定高帧频再进行拍摄。比如60帧/秒（即60fps），或是120帧/秒（即120fps）等。这样做还有一个好处，后续我们可以对视频进行升格，也就是以慢速度播放视频，仍然能够确保得到非常流畅、丝滑的画面。但以高帧频拍摄会导致器材处理器的负荷变高，从而很难再以高分辨率来进行拍摄。

OSMO Pocket 3可以在设定较高帧频的同时使用4K分辨率来进行拍摄，即能够拍摄4K/120fps的高质量视频，确保我们能够捕捉到运动对象的每一帧精彩画面。

分辨率

80P 2.7K 4K

4X(100) 4X(120)

倍速

在OSMO Pocket 3中我们可以
设定4K /120fps的分辨率与帧频

较高的分辨率与帧频，可以确保我们能够捕捉到足够丰富的细节，并且捕捉到每一个足够清晰的瞬间

2.6　三轴云台机械增稳

　　手持摄像机拍摄时，会产生抖动，这是由人手的振动和不稳定的摄像机支撑所引起的。为了解决这个问题，摄像器材厂商推出了三轴云台机械增稳技术，它通过机械装置和电子控制实现对相机或手机摄像头的稳定支撑，从而消除影响视频质量的抖动和震动。三轴云台机械增稳技术包含了三个重要的轴：俯仰轴、横滚轴和偏航轴，分别对应着摄像头的上下、左右和旋转方向的稳定控制。当人手不稳时，机器就能自动调整摄像头的稳定性，消除画面的抖动和震动，保证视频质量的稳定和清晰。

　　OSMO Pocket 3在较小的体积上使用了三轴云台机械增稳技术，即便是运镜所产生的抖动，最终也能通过OSMO Pocket 3的增稳技术优化，最终呈现平稳、丝滑的视频画面。

借助OSMO Pocket 3的三轴云台机械增稳技术，即便拍摄者在移动，也能够拍摄下稳定流畅的视频画面

2.7　自由切换横竖拍的二英寸旋转屏

横拍画面有助于呈现较大的风光场景，竖拍画面则有助于拍摄人物等对象。如果要切换横拍或竖拍，很多器材需要在控制菜单内手动点击切换，比较麻烦。OSMO Pocket 3配置了二英寸可旋转的OLED 触摸彩屏，简化了横拍和竖拍的切换操作，操控简单快捷，旋转即开拍，并支持参数调整等触控功能，使用非常方便。

用手指拨动OSMO Pocket 3的屏幕，可以实时切换横拍或竖拍，从而记录下我们想要的视频画面

2.8 全像素疾速对焦

在相机传统的对焦模块中，只有有限的对焦点可以用于对焦，对焦点覆盖的范围较小。而OSMO Pocket 3使用了以往只有高端单反相机才有的全像素对焦技术，可利用传感器上所有像素点的信息来实现快速而精确的对焦。这种技术能够利用每个像素点的信息来检测对焦的位置，从而实现快速而准确的对焦。

全像素对焦技术的主要优势在于其对焦覆盖面积大，同时能维持高水准的对焦速度和精度。这种技术对于拍摄运动物体或者需要快速切换对焦点的场景非常有用，能够实现更加流畅、自然的拍摄效果。全像素对焦技术被广泛应用于高端单反相机和一些高端手机摄像头中。

因为采用了全像素疾速对焦技术，使用OSMO Pocket 3拍摄萌娃、宠物等多动的主体，画面和焦点也能牢牢锁定。

此外，OSMO Pocket 3还新增了对焦展示模式，优先前景对焦，能快速平滑地对焦至镜头前方的物体，直播分享和好物展示等场景也适用。

OSMO Pocket 3支持全像素疾速对焦功能，可以确保我们在捕捉运动的主体时，进行实时对焦，捕捉每一个清晰的画面

2.9 小巧灵动，一手可握

即便拥有强大的拍照与摄像能力，OSMO Pocket 3依然小巧灵动，一手可握，用户携带和拍摄都非常方便。可以说，仅一个口袋，就能装下你的无限热爱。

OSMO Pocket 3小巧灵动，可以装入非常小的口袋或是包中

即便在户外活动时，OSMO Pocket 3小巧的体积也会提供足够高的便携性，方便用户使用

2.10　快充长续航

　　电子产品的发展趋势是在强劲性能的前提下实现高度智能化和小型化，但相伴而来的是续航能力与充电能力的急速下降。对于OSMO Pocket 3来说，续航能力与充电能力都不是问题。

　　OSMO Pocket 3机身内置1300毫安时电池，拍摄4K/60fps视频可录制116分钟，拍1080P/24fps清晰度视频可录制166 分钟，这样的续航表现足够绝大多数用户日常使用。电量耗尽时，可进行快充（使用65瓦PD快充，16分钟可充至80%，32分钟可充满至100%），保证充足的电量很简单。

OSMO Pocket 3的体积虽小，但续航能力非常强，并且充电速度也非常快

2.11　立体好声音，随时开录

　　OSMO Pocket 3机身采用三阵列麦克风设计，可有效抑制风噪，实现全指向立体收音 。对音乐会、演唱会等复杂环境也能精准识别声源，让声音更具包围感，生动复刻每一次现场，且支持 USB Audio 协议，可快速转接其他外部麦克风和监听耳机。

在一些嘈杂的场景中，OSMO Pocket 3具有全指向立体收音功能，可以有效地对拍摄对象进行收音，从而得到更好的音质

2.12 直连 DJI Mic 2

OSMO Pocket 3机身内置 Wi-Fi和蓝牙模块，可直连两个DJI Mic 2 发射器，无论是旅拍、Vlog、访谈还是直播，都能清晰录制，带来悦耳音色。

OSMO Pocket 3本身支持全向立体收音，实测音质还是非常好的。当我们需要远距离收音，或是进一步提升声音纯净度时，传统的相机搭配便携无线麦克风，需要外挂接收器，连接复杂，而且经常连不上。而 OSMO Pocket 3直连DJI Mic 2麦克风，不但匹配度和稳定性更好，还能通过屏幕上的提示和波动条直观地确认连接与收音状态。

OSMO Pocket 3可以实现一拖二直连DJI Mic 2麦克风，一个麦克风给主持人，另一个麦克风给被采访嘉宾，非常适合专业采访。DJI Mic 2麦克风也可安装防风毛套，这能非常明显地降低风噪，在户外采访时很重要。

借助大疆强大的生态系统，OSMO Pocket 3可以与大疆的无线麦克风相连，从而得到更专业的音质

2.13　自动轴锁，轻松收纳

正如我们之前所讲，数码产品未来的一大发展趋势是智能化。在使用OSMO Pocket 3的过程中，我们可能需要较大幅度调整云台角度，以拍摄不同角度的画面。但在使用完毕并关闭OSMO Pocket 3后，其云台都将自动被收回，锁定至收纳位，快速完成机身收纳。

OSMO Pocket 3开机时，可以确保云台快速切换到拍摄位置；关机时，则会确保云台被自动返回收纳位，智能化程度非常高

2.14 智能美颜

为了更好地应对年轻及女性用户对Vlog拍摄的美化需求，OSMO Pocket 3特意升级了美颜功能，搭配了新的智能美颜 2.0功能，新功能增加了更加丰富、细致的美颜选项，从磨皮到瘦脸、大眼甚至口红等都可以进行调整。有了这一新增功能，用户可以根据自己的喜好设置，美颜效果还是比较明显的。

OSMO Pocket 3的智能美颜功能，可以确保我们拍摄的人像有足够细腻平滑的肤质。唯一需要注意的是，这个智能美颜功能需要结合我们后续将要介绍的App功能进行使用

2.15 超乎想象的可拓展性

针对当前影像市场、自媒体平台多变的需求，大疆为OSMO Pocket 3设计了多变的可拓展性能。用户可借助丰富的附件创作出优质的作品。

例如，使用OSMO Pocket 3进行采访，或是拍摄Vlog时，通常对声音的纯净度有较高要求，这时可使用DJI Mic 2发射器直连，以获取更纯净的音频。专业的短视频博主还可以使用DJI Mic 2的接收器，进一步提升音质。

再比如说，OSMO Pocket 3用户在需要远距离自拍时，套装里的袖珍三脚架就非常实用，用它可以更灵活地布置机位，没有摄影师盯着也能放心拍。

OSMO Pocket 3的全能套装里也有增广镜，在拍摄建筑、风景等壮观的场面时，可以拍出更广的视角。

此外，大疆还提供了续航手柄，内置950毫安时电池，当与OSMO Pocket 3连接后，可提升约62%的续航时间。显示屏可同时显示OSMO Pocket 3主体和续航手柄的电池电量信息，让用户有更直观的了解。对于需要长时间的户外拍摄，续航手柄具备很强的实用性。

以上只是OSMO Pocket 3可拓展附件的一部分。大疆提供了三个不同版本的OSMO Pocket 3，分别为标准套装，全能套装和Vlog套装，从而满足不同用户创作的需求。

下页表中展示了大疆提供的三种OSMO Pocket 3套装中的附件搭配，用户可以根据自己的使用需求来选择不同的套装。

对比项	OSMO Pocket 3 标准套装	OSMO Pocket 3 全能套装	OSMO Pocket 3 Vlog套装
OSMO Pocket 3	x1	x1	x1
Type-C to Type-C PD 快充线	x1	x1	x1
OSMO Pocket 3 保护壳	x1	x1	x1
DJI 手绳	x1	x1	x1
OSMO Pocket 3 1/4" 螺纹手柄	x1	x1	x1
OSMO Pocket 3 增广镜	-	x1	-
DJI Mic 2 发射器（透明黑）	-	x1	x2
DJI Mic 2 防风毛套	-	x1	x2
DJI Mic 2 背夹磁铁	-	x1	x2
OSMO Pocket 3 续航手柄	-	x1	-
OSMO 迷你三脚架	-	x1	-
OSMO Pocket 3 收纳包	-	x1	-
DJI Mic 2 接收器	-	-	x1
DJI Mic 2 发射器（珍珠白）	-	-	-
DJI Mic 2 充电盒	-	-	x1
DJI Mic 2 相机连接线（3.5 毫米 TRS）	-	-	x1
DJI Mic 2 手机连接头（Type-C 接头）	-	-	x1
DJI Mic 2 手机连接头（Lightning 接头）	-	-	x1
DJI Mic 2 防风毛套（白）	-	-	-
充电线	-	-	x1
DJI Mic 双头充电线	-	-	-
DJI Mic 2 收纳包	-	-	x1
DJI Mic 2 收纳袋	-	-	-

第 3 章

OSMO Pocket 3
功能全解析

本章我们将针对 OSMO Pocket 3的各个功能界面进行全方位讲解，并逐一讲解各种功能的操作方式和用法。

3.1 主界面功能布局与操作

单击：单击屏幕上的相应图标可进入拍摄模式选择、智能云台辅助、云台翻转等功能。单击取景画面可进行对焦及测光，以确定拍摄时的对焦点，并完成测光确定画面明暗。

双击：双击取景界面的某个对象，可启动智能跟随对象功能，云台会实时移动，确保视角始终跟随我们选定的跟随目标。

双击屏幕中的移动对象，系统自动检测到移动对象

追踪移动对象

我们对OSMO Pocket 3屏幕中的各个主要功能区进行了标注。

1. 存储容量信息

插入MicroSD卡时，此处会显示剩余可拍摄的照片张数或视频的时长。

2. 智能云台辅助功能

在视频拍摄模式下，单击图标进入智能云台辅助功能。根据界面提示选择相应的模式，可进行主角追随、预构图跟随等拍摄。

3. 拍摄模式

单击图标后进入拍摄模式选择界面，点住画面进行左右滑动，可选择不同的拍摄模式。OSMO Pocket 3支持选择全景、拍照、视频、低光视频、慢动作和延时摄影等多种拍摄模式。

4. 电量

显示电池电量，单击图标可查看详细电量，用剩余电量占总电量的百分比来标注。当接入OSMO Pocket3续航手柄时，单击图标将同时显示相机和续航手柄的电量。

5. 变焦

单击滑块可切换滑块控制数码变焦或镜头在俯仰轴上的方向。当右侧显示倍数时，上下拨动摇杆可以控制镜头在俯仰轴方向上的运动。当右侧不显示倍数时，上下拨动摇杆可以调节变焦倍率（1~4倍变焦）。

6. 云台翻转

单击图标切换云台相机的前后朝向，用于控制相机是拍摄前方的画面还是自拍。

7. 视频分辨率与帧频

此处分别显示视频的分辨率和帧频。"1080 P 60"即当前设定的是拍摄1080P分辨率、60fps的视频。

3.2　拍摄模式

点击屏幕左下角的拍摄模式图标，可进入拍摄模式选择界面。在该界面中，用户可设定拍摄照片和多种不同格式的视频。

进入拍摄模式界面之后，通过手指左右滑动，可以选择我们想要使用的拍摄模式，图中显示的分别是全景、视频和低光视频这3种模式，其他模式用户可自行选择

3.2.1　全景

相比普通拍照模式，全景照片可获得超广视角，拍摄视野更加宽广的画面。相机将双眼的有效视角或余光视角范围内的景物，拍摄成多组画面，然后合成在一张照片中，即为全景照片。

OSMO Pocket 3支持180°和3x3两种全景拍摄模式。当选择180°时，相机将从左往右横向拍摄四张照片并进行合成最终的全景照片。当选择3x3时，相机将拍摄9张不同方向上的照片，并将这9张照片进行合成最终的全景照片。

使用3×3全景模式拍摄的画面

3.2.2　拍照

拍摄单张照片，或进行倒计时拍摄（较适合进行自拍）。

3.2.3　视频

设定后可用于拍摄普通
视频。

使用OSMO Pocket 3拍摄的视
频画面，可以看到画质比较细腻

3.2.4　低光视频

使用低光视频模式拍摄
时，相机会通过智能调节曝光
参数进行视频录制，以获得
弱光环境下更高质量的拍摄
效果。

使用低光视频模式拍摄的画面，
可以看到OSMO Pocket 3在弱
光下也可以拍出画质比较细腻的
视频画面

3.2.5　慢动作

提供4倍速或8倍速慢动作视频拍摄。使用慢动作模式录制视频时，相机将使用高帧率进行录制，
从而记录到裸眼无法捕捉的画面。后续可生成播放速度为正常速度 1/4 或 1/8 的视频。慢动作视频不
包含声音，声音文件存储在单独的音频文件夹中，与视频文件存放在同一文件目录下，可连接计算机
导出。

3.2.6　延时摄影

　　延时摄影模式分为运动延时、静止延时和轨迹延时。使用延时摄影模式录制视频时，相机将按照设定的拍摄间隔抽取视频帧（画面），将长时间活动的录制画面转化成设定时长的视频。有关延时摄影的详细知识及操作技巧，参见本书第5章的内容。

3.3　下划进入控制中心界面

　　从液晶屏上方边缘向下划动，可进入控制中心界面。我们对控制中心的各种功能进行了编号，接下来将详细介绍各功能的用途。

3.3.1　自定义模式

　　我们可以将需要记录的拍摄参数保存为自定义模式，之后可直接使用已经保存的自定义模式进行相似场景的拍摄。最多可保存5组自定义参数。

　　进入自定义模式之后，单击自定义模式图标右下角的"＋"，可以将OSMO Pocket 3当前的设定添加到自定义设置C1中。

3.3.2　转屏开拍

　　转屏开拍功能是启动相机并进行拍摄的最便捷方式，可有效防止错过精彩画面。开启此功能后，在关机状态下，顺时针旋转屏幕后，相机立即开启拍摄。拍摄结束后，若2秒内无任何操作，将自动关闭相机。点击开启后，可设置关机状态下快速拍摄的模式为上次设置、视频、低光视频、运动延时及自定义模式。

● TIPS ●

开启转屏开拍功能后，在拍摄过程中，若逆时针旋转屏幕回原位，则相机将停止拍录并在2秒后关机。

设定转屏开拍功能

向上拖动菜单，可以设置转屏开拍视频或图片

3.3.3 亮度调节

点击可打开亮度调节滑块，滑动即可调节屏幕的亮度。

设定屏幕亮度调节画面

3.3.4 自拍跟随开关

开启该功能后，自拍时相机将自动识别人脸并跟随人脸的移动，确保获得最佳的自拍角度。

进入自拍后，可设定开启自拍跟随功能

3.3.5 系统设置

点击该选项，可进入系统设置界面，在该界面中可上滑翻看各种系统设定，包括进行设备外接、格式化存储卡等。详细设定可参见本章第4节。

3.3.6 横竖拍模式切换

该功能用于选择相机屏幕的显示方向。有自适应横竖拍、锁定横拍、锁定竖拍三种显示方向可选，建议大家设定为自适应横竖拍。

设定自适应横竖拍　　设定自适应横竖拍后，视频最大分辨率为4K　　设定锁定横拍　　设定锁定竖拍，最大分辨率将被限定为3K

3.3.7 云台转向速度

点击该选项后，可设置云台跟随机身转向的速度。

云台转向速度可分别设置为慢、默认、快

3.3.8　云台模式

点击该选项后，可选择云台模式：默认增稳、俯仰锁定、FPV。

默认增稳模式，适用于大多数的拍摄场景，如Vlog、自拍等，此时镜头横滚轴维持水平，俯仰轴和平移轴跟随手柄转动的方向而转动。

俯仰锁定模式适用于高低机位切换等拍摄场景，此时镜头俯仰轴锁定不变，横滚轴维持水平，平移轴跟随手柄转动。

FPV模式适用于拍摄连续转动的场景，此时镜头朝向完全跟随机身，画面不再保持水平。

大多数情况下，将云台模式设定为默认增稳即可。

将云台模式设定为默认增稳

3.4　系统设置界面详解

本节我们将介绍OSMO Pocket 3 相机系统设置界面内部分重点菜单的实际功能。

3.4.1　无线麦克风

点击后，可选择 TX1 或 TX2 通过蓝牙方式进行无线麦克风连接。配对成功后，可在此界面对麦克风的相关参数项进行设置。注意，OSMO Pocket 3相机仅支持 DJI Mic 2 的发射器进行蓝牙配对。

3.4.2　云台开机方向

云台开机方向是用来选择开机时相机镜头朝向的。选择向前，开机时相机镜头将旋转至背对拍摄者；选择向后时，开机时相机镜头将旋转至面对拍摄者以进行自拍。选择上次关机方向，若云台模式为默认增稳或俯仰锁定，上次关机方向为向前或向后；若云台模式为FPV，云台方向为上次关机的准确位置。

无线麦克风与云台开启方向设定界面

3.4.3　旋转屏幕关机

开启该选项后，在非录制过程中旋转屏幕时可关闭相机。相机关闭前会提醒用户可选择继续拍摄，而非关闭相机。

3.4.4　自拍镜像

开启该选项后，自拍时的素材将自动进行镜像处理，以便获得另外一种自拍效果。

旋转屏幕关机与自拍镜像设定界面

3.4.5　OTG 有线连接

点击 OTG 有线连接后，使用包装内的 Type-C to Type-C PD 快充线，可将相机与安卓设备（如智能手机等）进行连接。连接成功后，可通过设备相册或文件管理访问相机的拍摄素材并导出至安卓设备（如智能手机等）。请注意，要使用的安卓设备需支持 OTG 功能。

3.4.6　无线连接

点击该选项，可查看设备无线信息、设置 Wi-Fi 频段、重置连接。可使用 DJI Mimo App 连接相机 Wi-Fi 进行固件升级等操作。

OTG有线连接与无线连接设定界面

3.4.7　穿戴模式

开启该选项后，云台将锁定自拍姿态，即镜头朝向与液晶屏朝向一致，且镜头朝向会被锁定。

使用穿戴模式时，双击屏幕可使云台回中，上滑屏幕可退出穿戴模式。在穿戴模式下，建议配合 OSMO Pocket 3 拓展转接件（需单独购买）使用，以便获得更好的第一人称视角下的拍摄体验。有关拍摄转接件的相关知识，可参见本书第4章内容。

3.4.8　云台校准

点击该选项并确认后，可进行云台校准。云台校准可以解决由环境或人为误操作造成的云台水平歪斜或漂移问题。云台校准之前，要将相机静置于稳定的水平平面，不可手持，之后再进行云台校准，这样可以更好地完成校准操作。

穿戴模式与云台校准设定界面

3.4.9　摇杆速度

可分别设置五维摇杆控制变焦和云台的速度值。速度值越高，控制变焦及云台的响应灵敏度越高。根据个人使用经验，建议适当降低摇杆速度，这样可确保拍摄的视频内容有更好的平滑度。

3.4.10　视频压缩

点击进入切换视频编码格式设置界面。默认格式为高效（HEVC）、可选兼容（H.264）。若选择"高效"，则视频压缩效率会变高，从而降低所拍摄的视频文件大小；若选择"兼容"，则视频的播放兼容性更高，因为当前的手机、计算机播放器等对H.264格式视频的兼容性更好。

3.4.11　提示音

点击该选项可设置相机提示音的音量。

摇杆速度设定界面

视频压缩与提示音设置界面

3.4.12　网格线

设定开启网格线后，可在拍摄时显示网格线，以便用户借助网格线来更好地平衡构图。

3.4.13　抗闪烁

点击设置抗闪烁频率，可以减少在室内拍摄时由荧光灯或电视屏幕引起的闪烁，使拍摄的素材更加美观。

可根据所在地区的电网频率（比如说，中国电网的频率主要是50Hz，而一些欧美国家的电网频率为60Hz，具体可上网查询）来选择抗闪烁的频率。默认为自动。

3.4.14　时间码

点击进入该选项后，可进行时间码设置。可通过刷新系统时间或重置时间码对相机内置时码器进行设置，或通过 USB-C接口连接时间码同步设备进行时间码同步。

详细操作及时间码的用途可参见本书第5章内容。

网格线、抗闪烁与时间码设定界面

3.4.15　素材命名管理

选择该选项，进入设定界面可设置所拍摄素材的存储文件夹及文件的命名方式。

3.4.16　开录后熄屏

点击该选项可设置开录后熄屏的时长。设置时长后，相机开始录制视频，到达设置的时长后，屏幕将熄灭，此时不影响录制的进行。熄屏有助于延长拍摄的续航时间。一般来说，固定机位长时间拍摄时可以进行设置。

素材命名管理设定界面

开录后熄屏设定界面

3.4.17　自动关机

点击该选项，可设置特定的自动关机时间长度。若在设置的时长内对相机无任何操作，相机将自动关机，以节省电量。

3.4.18　LED 灯

点击该选项，可开启或关闭相机的 LED 状态指示灯。

自动关机与LED灯设定界面

3.4.19　继续上次直播

点击该选项后，可根据上次直播的参数设置继续直播。注意，要使用OSMO Pocket 3进行直播，需要通过 DJI Mimo App 发起。关于DJI Mimo App 的使用技巧，本章最后将详细进行介绍。

继续上次直播与语言设定界面

3.4.20　语言

点击该选项，可设置相机界面的显示语言。

3.4.21　格式化

点击并滑动该选项，可以格式化 Micro SD 卡。格式化会永久性地删除 Micro SD 卡内的所有数据。格式化之前，请务必做好数据备份。插拔存储卡后，有时OSMO Pocket 3会提示格式化存储卡后才能继续使用。

3.4.22　恢复出厂设置

点击该选项，可将相机恢复出厂设置。此操作会删除相机中的所有设置，相机将恢复至刚出厂时的状态并重新启动。

格式化与恢复出厂设置的设定界面

3.4.23　设备信息

点击该选项，可显示设备信息，包括设备名称、序列号、固件版本、快速入门指南等信息。点击导出日志，可将日志信息导出至 Micro SD 卡中。

设备信息与认证信息设定界面

3.4.24　认证信息

点击该选项，将显示相机认证信息。

3.5　左划进入拍摄参数设置界面

从液晶屏右侧边缘向左划动，可进入拍摄参数设置界面。点击Pro，可以设置所拍摄画面的曝光（明暗）、白平衡（色彩）、美颜、色彩、对焦模式与图像调节等相关内容。

点击Pro，可对下拉菜单中的参数进行设置

3.5.1　曝光

该选项提供手动模式（M）和自动模式（Auto）两种选择。曝光值决定的是画面的明暗，高曝光值的画面比较明亮，低曝光值的画面则比较昏暗。

在手动模式下，用户可以上下划动左侧的快门时间来控制曝光值的高低，快门时间越慢，曝光值越高；快门时间越快，曝光值越低。也可以上下划动右侧的感光度来控制曝光值的高低，感光度值越高，曝光值就越高；感光度值越低，曝光值也越低。用户还可以点击左上角的曝光补偿（EV）选项，通过改变曝光补偿值来控制曝光值的高低。增加曝光补偿的值可让画面变亮；反之则变暗。

在自动模式下，曝光值由相机自动设定，确保用户大致可拍到明暗适中的画面。但用户也可以进行人为干预，只要改变曝光补偿值即可。

点击曝光，进入曝光设定界面，可以看到左侧有M（手动）和Auto（自动）两种模式。当前设定的是自动模式

设定手动模式，提高快门速度，画面会变暗，反之亦然。 提高感光度的值，画面会变亮，反之亦然

设定自动模式，改变左侧的曝光补偿值，可以调整画面的明暗

3.5.2　白平衡

该选项提供手动白平衡（M）和自动白平衡（AWB）两种选择。白平衡用于控制画面的色彩倾向，在手动模式下，设定低白平衡值，会让画面偏蓝（冷）；反之则可以让画面偏黄（暖）。

在自动模式下，白平衡值由相机自动设定。

进入白平衡设定界面，选择AWB（自动白平衡），系统自动调整画面色彩。选择M（手动白平衡），在右侧降低色温值，可以看到画面会偏向冷色调；提高色温值，画面开始变暖

3.5.3　美颜

点击该选项，可选择开启或关闭美颜效果。开启该功能拍摄后，用户可以在手机中下载并使用 DJI Mimo App 来调整美颜效果。另外，在手机中通过 DJI Mimo App 下载素材，可实现自动美颜。

开启美颜之后，系统会提示连接 Mimo App查看美颜效果

3.5.4　色彩

该选项提供普通、HLG和D-Log M 三种色彩模式。

D-Log M 色彩模式可为用户提供更多的后期调色空间，在大光比或多颜色（如花园、田野等）场景下，提高画面拍摄的动态范围，最大限度还原拍摄时的场景。10-bit 色深能让画面的色彩过渡更平滑。

在HLG 色彩模式下，可拍摄出具有宽广动态范围及色域的画面。可通过在兼容 HLG 的电视机或显示器上播放 HLG 静止影像来还原出更大的亮度范围。

单击色彩，可以设定不同的色彩模式，左图设定的是HLG色彩模式；右图设定的是D-Log M色彩模式

3.5.5　对焦模式

该选项提供单次、连续和展示三种对焦模式。

单次对焦：执行一次对焦后不再自动对焦，适用于不改变对焦位置的静态拍摄场景，这种对焦模式的精度很高，但速度偏慢；如果拍摄运动的对象，单次对焦完成的速度偏慢，等对焦完成，运动对象已经发生了位置的变化，就会出现对焦失败的问题。因此单次对焦不适合拍摄运动对象。

连续对焦：持续对主体进行对焦。这种对焦模式的对焦精度稍有下降，但对焦速度非常快，能保证实时对运动对象对焦，因此适用于拍摄动态目标。

展示模式：适合近距离展示物体的场景，此时相机将焦点快速切换到镜头前方的被展示物品上，无须等待焦点转移。注意，展示模式仅支持视频拍摄。

当前设定的是连续对焦模式

3.5.6　图像调节

该选项提供默认和自定义两种选择。

在视频、慢动作、运动延时拍摄模式下，将图像调节设定为自定义后，用户可根据实际拍摄需求对图像的锐度和噪点状态进行调节，从而提升拍摄素材的清晰度；而将图像调节设定为默认后，则由相机根据所拍画面的实际情况来进行智能判断和优化。

进入图像调节后，选择自定义，可以改变画面的锐度与噪点状态

3.5.7　格式

当切换到拍照和全景这两种拍摄模式时，从液晶屏右侧边缘向左划动，点击Pro，进入格式，可选择拍摄素材的存储格式是JPEG或JPEG+RAW。我们日常在手机、计算机上浏览的照片格式大多为JPEG格式，这种格式有较好的色彩显示能力，并占用较小空间，兼容性非常好；但由于这是一种经过压缩的格式，不利于我们进行后期处理。而RAW格式则保留下了拍摄时的大量原始信息，虽然看起来画面灰蒙蒙的，但更利于后续由用户进行后期修图，输出更具创意的画面效果。综合来看，RAW格式更适合有一定后期能力的用户使用。

当切换到延时摄影模式时，从液晶屏右侧边缘向左划动，点击Pro，进入格式，拍摄静止延时和轨迹延时时，可选择的素材格式为视频、视频+JPEG或视频+RAW。设定视频+JPEG或视频+RAW格式时，除直接输出的视频之外，相机还会保留下JPEG或RAW格式的图片文件。注意，拍摄运动延时则不支持上述设定。

3.5.8　音频参数

在视频、低光视频、慢动作、运动延时拍摄模式下，从液晶屏右侧边缘向左划动，点击麦克风图标，可设置声道、降风噪、指向收音、增益。

声道：可设置立体声道或单声道。

降风噪：开启后可降低相机内置麦克风所拾取的风噪声。注意，当使用外接麦克风时，降风噪功能不再生效。

指向收音：当选择为前时，麦克风将加强接收相机前方的声音效果。当选择前后双向时，麦克风将加强接收相机前后方的声音效果。当选择全向时，麦克风将接收相机周围所有方向的声音。当使用外接麦克风时，指向收音功能不再生效。

增益：当接入外部麦克风时，可调节麦克风的输入增益。但要注意，提高增益输入虽然可以加强声音输入效果，但有可能会导致录制的视频音频中包含一些杂音。

3.6　右划进入回放界面

　　从液晶屏的左侧边缘向右划动，可进入回放界面。

　　刚进入回放界面时，屏幕会显示最后拍摄或回放的图像。点击界面左上角的四个小方块图标，可以进入多个素材的缩略图管理界面；点击界面左侧中间三个竖向的点的图标，可以对当前所查看的照片或视频进行标记或删除；在界面的右下角，显示的是视频数量。也可以直接点击右下角的心形图标，对当前素材进行标记；在界面的右上角，是控制音量的图标，默认为静音，点击后可通过左右划动来调节音量。

　　点击心形图标可标记为收藏（喜欢）。标记为收藏的照片或视频，连接 DJI Mimo App 后，可在相册的"收藏"中查看。点击垃圾桶图标，可删除当前的照片或视频

进入回放界面回放视频；视频回放完毕，点击左侧三个竖向的点的图标，可以选择保留或删除当前回放的视频。

点击界面左上角四个小方块的图标，可以进入缩略图浏览界面；点击右上角圆圈中带对号的图标，可以选择多个不同的素材；点击界面右上角三个横向的点的图标，可以对所选择素材设定保留或是删除

3.7　上划进入图像及音频设置界面

　　从液晶屏的下方边缘向上划动，可进入图像及音频设置界面。在视频拍摄模式下，可以设定分辨率与帧率。

　　要注意，在不同的长宽比设定下，可设定的分辨率会有差别。

设定长宽比为默认的16：9时，最高可设定4K分辨率；设定长宽比为1：1时，最大分辨率为3K

第 4 章

OSMO Pocket 3 的软硬件拓展

OSMO Pocket 3本身具有非常出众的照片与视频拍摄能力，除此之外，我们还可以对OSMO Pocket 3进行软硬件的拓展，从而实现更丰富的拍摄效果，让我们得到一些更具创意性的影像画面。本章我们将介绍OSMO Pocket 3软硬件拓展相关的知识。

4.1 软件拓展: DJI MIMO App

大疆官方提供的DJI MIMO App，可以方便用户学习新的拍摄技巧、控制相机拍摄，以及进行后期修图等操作。

4.1.1 认识DJI MIMO App

DJI MIMO是 DJI 为手持稳定设备打造的专属应用，可精准控制云台相机，实时预览拍摄画面。该应用简洁易用，有丰富的模板和配乐可供选择，助你拍摄、剪辑，一气呵成。并且，OSMO Pocket 3的美颜等功能也需要借助DJI MIMO才能进行更好的编辑与实现。

在手机应用市场可免费下载DJI MIMO App，下载后直接安装，然后打开即可使用。需要注意的是，商场、联机拍摄、相册等功能，需要将手机连接OSMO Pocket 3才能使用。

利用OSMO Pocket 3对人物进行美颜处理的效果图

DJI MIMO主界面

安装DJI MIMO后启动该App，可以打开DJI MIMO首页主界面。下面我们介绍DJI MIMO App中各版块的功能。

大疆学堂：进入大疆学堂可查看教学视频、说明书等。

首页：点击可返回 App 首页。

相册：可管理手机本地及DJI设备素材。

编辑：点击可导入、编辑已拍摄的素材。

我的：显示DJI账号信息及作品列表，点击设置图标可进入相关设置。

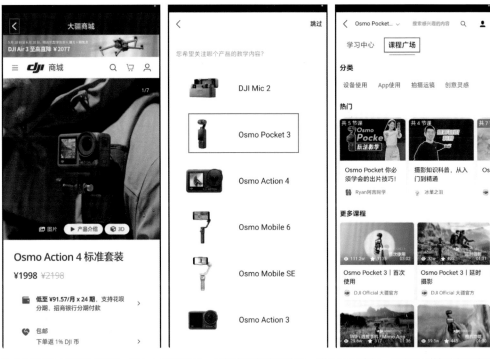

DJI MIMO大疆商城界面。进入大疆学堂后，选择自己的产品类型。进入课程广场，可以看到针对自己产品的大量视频课程

DJI MIMO相机图库管理界面

DJI MIMO影像编辑界面

DJI MIMO个人资料设置界面

4.1.2 连接DJI MIMO App

首先在手机上下载并安装DJI MIMO App，然后开启 OSMO Pocket 3。打开手机的 Wi-Fi 和蓝牙功能后，运行 DJI MIMO App。点击App首页的相机图标，然后根据界面的提示操作。

点击DJI MIMO App首页的相机图标，在展开的提示界面中单击确认；单击允许访问全部图片和视频；单击提示中的确认

当相机连接 DJI Mic 2 发射器并处于 2.4GHz 频段时，相机无法连接 MIMO App。此时需要更改相机的 Wi-Fi 频段至 5.8GHz 或断开与 DJI Mic 2 发射器的连接后，才能重新连接至 MIMO App。

当相机无法连接至 DJI MIMO App 时，可按照以下步骤操作:确认手机的 Wi-Fi 和蓝牙功能均已打开；确认 DJI MIMO App 为最新版本。从触摸屏主页顶部向下滑，点击设置图标，然后选择"无线连接>重置连接"，相机将重置所有连接及 Wi-Fi 密码。

在位置信息界面中，选择精确定位，并选择仅使用期间允许；在弹出的界面中，点击始终允许；弹出设备后，点击连接

在OSMO Pocket 3的显示屏上可以看到新设备请求连接的验证码，在弹出的验证码界面中输入该验证码，然后点击接受

点击连接，就可以完成DJI MIMO App与OSMO Pocket 3的连接。连接之后，我们可以手动修改OSMO Pocket 3的名称；如果不修改，直接点击确认，采用默认名称即可

4.1.3 DJI MIMO App完全控制

DJI MIMO App与OSMO Pocket 3连接之后，在App的主界面中，可以看到OSMO Pocket 3的取景画面。下图显示的是主界面，我们为每个图标设置了编号，后续我们将借助编号详细讲解各图标的功能与用途。（注意，不同的拍摄模式下，界面显示会有差异。请以实际为准。）

DJI MIMO App主界面

① 主页：点击可返回 App 首页；

② Wi-Fi 连接：显示 Wi-Fi 连接强度；

③ 电池电量：显示相机电池电量；

④ Micro SD 卡信息：显示可存储的照片数量或可拍摄的视频时长；

⑤ 云台翻转：点击可切换相机的前后朝向；

⑥ 云台回中：点击可使云台恢复至当前朝向中位；

⑦ 拍摄按键：点击可进行拍摄；

⑧ 云台设置：可设置云台模式及云台转向速度；

⑨ 拍摄模式：点击可切换拍摄模式；

⑩ 回放：点击可进入回放界面，可管理手机本地及 DJI 设备素材；

⑪ 镜像：可设置将取景界面进行镜像处理；

⑫ 虚拟摇杆：左右可控制镜头在平移轴方向上的运动，上下可控制镜头在俯仰轴方向上的运动；

⑬ 变焦：显示当前变焦倍率，用指尖在屏幕上做放大或缩小手势，可实现变焦；

⑭ 设置：可设置拍摄图像参数，每种拍摄模式均分为简单和 PRO 模式。PRO 模式开启后，可提供视角、曝光、白平衡等参数。当处于不同拍摄模式时，可设置不同参数；

⑮ 美颜：点击图标可进入美颜设置，可开启或关闭美颜功能，并调整相关美颜参数；

⑯ 拍摄规格参数：点击可设置分辨率、帧率等拍摄规格参数；

⑰ 拍摄参数：当开启PRO模式时，点击可设置EV、快门速度、ISO等拍摄参数；

⑱ 拍摄参数列表：此处显示了拍摄时所使用的参数值；

⑲ 拍摄的照片/视频格式：此处显示的是拍摄的照片格式为J+R，即同时拍摄JPEG和RAW格式照片；

⑳ 对焦与测光（智能跟随）标记：单击屏幕即可对该位置进行对焦和测光。双击屏幕即可对该位置进行智能跟随，出现绿色框代表锁定成功。

4.2　硬件拓展

为大疆OSMO Pocket 3相机进行硬件拓展，可以方便用户在不同的场景下，提高拍摄创作的可能性，创作出更多让人意想不到的画面效果。

4.2.1　美颜柔光镜

OSMO Pocket 3可搭载官方推出的美颜柔光镜，从而让拍摄的人物皮肤柔和、光滑、干净，并让整个画面更具氛围感。实际上这种美颜柔光镜的本质是一种黑柔滤镜，是我们拍人像时最常用的一种滤镜。它的作用就是柔化高光，降低反差，还会起到一定的磨皮效果，可以淡化皱纹、斑点、痘痘等瑕疵。同时也会保留一定的细节，让皮肤看起来更加细腻柔和。

美颜柔光镜一般是在大光比环境中使用，如夜晚有灯光的场景中，使用这种滤镜会有很明显的效果。在阴天或者大逆光的场景，它的作用效果不明显。

官方推出的美颜柔光镜是磁吸滤镜，只需对准镜头的卡口轻轻一放，就会自动吸附卡紧。

大疆官方提供的美颜柔光镜。可将美颜柔光镜安装在OSMO Pocket 3的镜头前方

利用美颜柔光镜拍摄的画面，整体画质非常柔和，人物的皮肤比较干净

4.2.2 ND镜套装

ND滤镜，也称中灰密度镜，或中灰镜，是一种相机镜头外加滤镜，它的主要功能是降低进入镜头的光线强度，从而控制曝光时间和光圈大小。

ND滤镜的使用场景广泛，特别适用于在光线强烈的环境中拍摄需要长时间曝光的场景，例如拍摄流动的云、线状的流水以及雾化水面等。通过使用ND滤镜，摄影师可以有效地延长曝光时间，从而捕捉到物体的动态效果，使画面更具表现力。

大疆官方为OSMO Pocket 3推出了ND 16、ND64和ND256三挡磁吸ND滤镜，更换轻松，帮助用户更有创意性地控制拍摄时的光线，为画面带来与众不同的动感效果。

三挡ND滤镜在使用时需减弱的曝光量如下，

ND16 减弱4挡曝光量；

ND64 减弱6挡曝光量；

ND256 减弱8挡曝光量。

大疆官方推出的磁吸ND滤镜套装

借助不同挡位的ND滤镜拍摄同一画面，得到的画面效果

借助ND滤镜可以确保我们在比较明亮的光线下得到慢门效果，从而拍到运动对象动感模糊的画面

4.2.3　增广镜

　　视角是指镜头所能拍摄到的场景范围。它与焦距成反比关系：焦距越长，视角越小；焦距越短，视角越大。这就是为什么广角镜头（短焦距镜头）能够拍摄到更宽广的场景，而长焦镜头（长焦距镜头）则更适合拍摄远处的物体或进行特写拍摄。这种关系在摄影实践中有着广泛的应用。例如，在拍摄风景时，我们通常会选择广角镜头，以获取更宽广的视野。

大疆官方提供的增广镜

　　如果感觉OSMO Pocket 3镜头的视角不够广，无法获取更大的视角，可以使用大疆官方为OSMO Pocket 3推出的增广镜来扩大拍摄视角。

将磁吸增广镜直接安装在OSMO Pocket 3的镜头前方即可

不使用增广镜直接拍摄的画面

使用增广镜之后拍摄的画面，可以看到视角明显变得更广一些

4.2.4　迷你三脚架

三脚架的主要功能是提供一个稳定的支撑平台，用于固定相机，防止在拍摄过程中由于抖动或移动而导致的画面模糊。无论是拍摄风景、人像还是进行长时间曝光拍摄，三脚架都能有效减少相机的振动，确保拍摄出清晰、稳定的照片。

用户在使用OSMO Pocket 3拍摄一些固定视角的画面时，可以使用三脚架来固定器材，这样可以解放双手，并提高拍摄的稳定性。

此外，三脚架还可以用于实现一些特殊的拍摄效果，如星轨、流水、夜景等。在这些需要长时间曝光或特殊拍摄技巧的场景中，三脚架能够确保相机保持稳定，从而拍摄出独特而精彩的画面。

迷你三脚架

大疆官方为OSMO Pocket 3配置了一款迷你三脚架，采用了防滑设计，并且能够快速收缩，使用和携带都非常方便。

展开的迷你三脚架

借助迷你三脚架，我们可以在一些不平整的位置直接放置OSMO Pocket 3，以便获得稳定的拍摄效果

4.2.5　拓展转接件+肩带支架

　　将OSMO Pocket 3绑在身上拍摄，可以解放用户的双手，在徒步、骑行时都非常方便。用户可以使用大疆官方提供的拓展转接件来固定OSMO Pocket 3。需要注意，该转接件最好搭配一个肩带支架，将其固定在背包等的肩带上，效果会更好。

OSMO Pocket 3拓展转接件

肩带支架

将OSMO Pocket 3安装在拓
展转接件上，再通过肩带支架固
定拓展转接件，最终就可以将
OSMO Pocket 3固定到肩带上

第 5 章

OSMO Pocket 3 的高级玩法

本章我们主要讲解 OSMO Pocket 3 一些比较高级的玩法，具体包括多种不同类型的延时视频的拍摄方法，多种不同类型跟随模式的玩法，旋转运镜的技巧，以及如何用 OSMO Pocket 3 来做直播的技巧。

5.1　多种延时视频的拍摄方法

延时摄影，也称为间隔摄影、定时定格摄影或缩时摄影，是一种将画面拍摄频率设定在远低于一般观看连续画面所需频率的摄影技术。它通过设定某一固定的拍摄时间间隔，对同一场景或物体进行长时间连续拍摄，从而形成由成千上万张照片组合而成的连续画面。这些照片可以记录几小时甚至几天的变化过程，通过延时摄影将其压缩在一个较短的时间内以视频的形式进行播放。

延时摄影能够捕捉时间的变化，无论是日出日落、星空流动、云彩变幻还是流水飞瀑，它都能够以深刻而细腻的方式表现出来。此外，由于延时摄影的拍摄时间较长，可以将更多的物体和元素捕捉进画面之中，使画面更加丰富，充满层次感和空间感。

延时摄影是一种具有独特美感和艺术价值的摄影方式，能够让人们以全新的视角观察和感受世界的变化。

OSMO Pocket 3提供了静止延时、运动延时和轨迹延时这三种不同模式的延时摄影功能。

5.1.1　静止延时

静止延时适合在相机位置固定且处于静止状态时拍摄延时视频。静止延时中有游人如织、云卷云舒、日出日落三种预设，可满足常见的街景人流、云彩变化、日出日落等场景的拍摄。用户也可在自定义中自行设置拍摄的间隔和生成视频的时长。

在显示屏的左下角单击拍摄模式，进入拍摄模式选择界面，用手指点住不同的拍摄模式向右滑动，选择静止延时。进入延时摄影选择界面，可以看到上方有运动、静止、轨迹三种不同的延时摄影模式，这里我们选择静止

在该界面中，下方有针对不同场景的静止延时，用手指点住左右拖动，可以看到游人如织、云卷云舒、日出日落等不同的场景。这里我们选择自定义，因为我们要拍摄的是城市街道的夜景。根据提示上滑界面，可进入间隔及生成视频时长设置界面。这里我们将间隔设置为3秒，将生成视频时长设置为5分钟，设置好之后回到拍摄界面

按屏幕下方的拍摄按钮开始延时拍摄，等待5分钟之后，静止延时拍摄完成，回放即可查看拍摄的静止延时视频

5.1.2 运动延时

运动延时适合在相机移动时（如车载、手持移动）拍摄流畅的延时视频。实际上，运动延时是专业摄影领域中的大范围延时摄影，是指拍摄器材在移动过程中拍摄的延时视频。由于机位是移动的，因此画面的动感效果会非常强烈。使用OSMO Pocket 3拍摄运动延时非常简单。

选择运动延时，然后在下方设定不同的倍率即可。倍率越高，延时的效果越明显。这里我们选择5倍速率，然后按下开始拍摄按钮，手持OSMO Pocket 3移动，等待一段时间之后，就可以完成延时视频的拍摄。根据提示，在拍摄过程中，我们还可以点击屏幕上的倍率标记来切换拍摄速率

5.1.3 轨迹延时

轨迹延时会在提前设置好的移动点间运动并拍摄延时视频。支持选择从左到右、从右到左，以及2~4个轨迹点的自定义轨迹，用户也可自行设置间隔和生成视频时长。

选择轨迹延时，然后选择自定义轨迹，上滑屏幕设置参数，在参数设置界面中，将间隔设置为2秒，将生长视频时长设置为5分钟，之后返回拍摄界面。此时可以看到，在屏幕中间有一个十字形的图标，屏幕右上角有1、2、3三个位置

这里我们确定好第一个拍摄视角，然后单击屏幕中间的十字形图标，就可以将当前画面作为第1个轨迹点；通过方向摇杆调整控制镜头朝向，确定第2个轨迹点，单击画面中间的十字形图标，可以将当前画面作为第2个轨迹点；用同样的方法确定第3个轨迹点后，即可开始拍摄

此时云台会从轨迹点1平滑移动到轨迹点3，在这个移动过程中，OSMO Pocket 3会不断进行拍摄，最终生成轨迹延时的画面

5.2 三种跟随模式的详细玩法

OSMO Pocket 3内置多种跟随模式，具体包括智能跟随、主角跟随和预构图跟随，让用户单手就能拍出丝滑运镜大片。

5.2.1 智能跟随模式

实际上我们之前已经大致介绍过智能跟随这个功能，它的使用非常方便。具体使用时，我们只要在取景画面中用手指双击移动的对象，OSMO Pocket 3的云台都会实时移动跟随移动对象。

双击取景画面中的人物，可以看到屏幕上会提示"智能跟随已开启"

人物上出现了实时跟随的绿色框

人物移动时，取景画面会始终跟随人物

5.2.2　主角跟随模式

　　OSMO Pocket 3的主角跟随模式主要用于跟随我们所拍摄场景中的人物面部，这样可以确保对人物的面部有清晰的对焦。

具体使用时，单击屏幕主界面左下角的"智能云台辅助"功能，进入主角跟随界面，直接单击开始即可。此时屏幕上会显示"开始录像后将跟随主角"

在这个过程中，OSMO Pocket 3会智能检测场景中的人物面部，并实时跟踪人物面部。开始拍摄后，屏幕上会提示"人脸跟随已开启"，这样就可以确保相机实时跟踪并始终对焦在人物面部

5.2.3 预构图跟随模式

在预构图跟随模式下，用户可设定人脸所在的构图点位置，后续拍摄时，OSMO Pocket 3会实时调整取景视角，确保人脸始终位于我们选定的构图点上，最终获得构图一致的视频画面。

进入"智能云台辅助"界面，选择预构图跟随模式，然后单击开始，此时在屏幕主界面上会出现大量的构图点，我们可以拨动机身上的方向摇杆，选中人脸位置所在的构图点。开始拍摄之后，相机会大致锁定人脸在画面中的位置，最终可以让视频画面中人脸的相对位置基本保持不变

5.3 旋转运镜模式

虽然我们可以手动进行旋转运镜，但手动旋转OSMO Pocket 3进行运镜，所拍摄的画面会有抖动，并且可能不是很流畅。这时如果使用旋转运镜模式，则可以得到丝滑流畅的旋转运镜效果。

在视频模式下，进入智能云台辅助功能，点击屏幕左下角的旋转运镜，会出现90°和180°两种旋转运镜模式。当选择90°时，屏幕的左右两侧会分别出现逆时针旋转图标和顺时针旋转图标。启动录制后，点击左侧图标，镜头将在横滚轴方向上逆时针旋转90°；点击右侧图标，镜头将在横滚轴方向上顺时针旋转90°。当选择180°时，屏幕左侧会出现一个180°旋转图标。启动录制后，点击该图标，云台将先回中，镜头将朝上，在平移轴方向上旋转180°。三击摇杆，可切换画面的上下方向。

如果我们选择90°旋转运镜。屏幕的左侧和右侧分别提供了逆时针旋转和顺时针旋转两种方向选择。我们可以根据需要进行选择，从而得到想要的旋转运镜画面效果

如果我们选择180°旋转运镜。云台的旋转角度非常大，镜头将朝上，会拍摄到上方的一些景物，因此非常适合拍摄树景、屋顶等场景

5.4 用OSMO Pocket 3做直播

由于OSMO Pocket 3能够实时跟随主角或人脸，因此我们也可以借助OSMO Pocket 3来进行直播，在没有摄影师辅助的情况下，也能够确保人物始终出现在直播画面中。

具体操作时，我们首先需要启动DJI MIMO App，按照之前讲过的技巧，将DJI MIMO App与OSMO Pocket 3进行连接。

连接之后，点击App主界面右下角的直播，此时会打开直播平台选择界面，这里我们选择抖音平台，然后单击下方的"开始直播设置"；进入直播设置后，登录抖音账号，单击下方的"同意授权"

此时会进入"直播设置"界面。在设置界面中，大部分选项保持默认即可。但要设置一下Wi-Fi网络或手机热点。单击"选择Wi-Fi网络或手机热点"，在展开的相机联网状态列表中，选择我们要使用Wi-Fi还是手机热点，这里我们选择能够连接的Wi-Fi网络，然后输入Wi-Fi网络的密码，点击"确认"

这样就可以将OSMO Pocket 3连接到当前的Wi-Fi无线网络。单击下方的"开始直播"即可开始直播,整个过程非常简单。直播过程中,OSMO Pocket 3显示屏的下方会出现"Live"字样

5.5　时间码的原理与使用

OSMO Pocket 3内置的时间码功能可以帮助用户简化后期制作过程,完成多机位素材处理。下面我们讲解时间码的基本原理与使用逻辑。

带有时间码的视频画面上会显示一组时间数字,可以看到它是由4组数字所组成的,这4组数字自左向右分别对应的是小时、分钟、秒、帧。

以下页上图为例,图中"12"对应的是12小时,"15"对应的是15分钟,"21"对应的是21秒,"08"对应的是第8帧。

这里需要注意,这组时间实际上有两种含义:一种含义是在12点15分21秒拍摄的第8个(帧)视频画面,这种称为自由运行时间码;第二种是这段视频我们已经拍摄了12个小时15分钟21秒,并拍完了第8帧画面,这种称为记录运行时间码。

用这种时间码标记视频,我们就可以记录每一个视频画面的具体位置,并且可以非常准确地衡量这些视频的长度与帧数。

使用自由运行时间码可以方便我们对多段视频进行标记,如果使用多机位拍摄同一个场景,这时

就需要统一时间码，我们就可以知道不同视频的每一个帧画面是在几点几分几秒拍摄的第几个画面，这样在后续剪辑时就比较容易对齐。

记录运行时间码则主要用于我们拍摄的单一镜头，也就是来记录单段视频的视频长度。

拍摄多镜头时，要提前统一不同摄像机的时间码。统一时间码时，首先我们要刷新当前设备的系统时间，将其刷新到比较准确的系统时间上，然后让多台摄像机的时间统一。接下来，还要将不同的摄像机统一到某一具体的帧频。这里要注意非常重要的一点，我们平时所说的60帧，有时是准确的60帧，有时则是59.94帧，这一标准也需要进行统一。

在统一不同设备的时间码及帧频时，要通过特定的数据线将不同的器材进行连接来统一。

带有时间码的视频画面

使用OSMO Pocket 3的时间码功能时，在系统设置中，点击时间码，进入时间码设定界面，可以看到具体的提示，要求我们去同步时间码。

首先，点击系统时间右侧的刷新图标，将当前的时间码刷新到与系统时间同步。之后，将OSMO Pocket 3与其他的摄像设备连接来匹配时间码就可以了。

点击时间码

进入时间码设置界面

点击系统时间右侧的刷新图标

刷新后的时间码与系统时间同步

第 6 章

认识视频的景别

景别是指拍摄时所选择的特定场景范围或视角，它有助于塑造观众对场景或角色的感知。景别的变化不仅可以实现镜头之间的切换，还可以通过不同景别展示出人物与环境之间的关系，表达出丰富的情感。

通常我们可以将景别划分为五大类，分别为远景、全景、中景、近景和特写，而这五大景别又可以细分出更多小景别，本章我们将非常详细地介绍各种视频景别的特点与用途。

6.1　大远景的特点与用途

　　大远景通常是指用广角镜头从一个非常远的距离（拍摄角度也比较高）拍摄的画面。这种拍摄方式能够展现非常辽阔和深远的背景，例如连绵的山峦、浩瀚的海洋、无垠的沙漠或者从高空俯瞰的城市等。大远景通常用于表现宏大的场面，为观众提供宽广的视觉体验。

远景景别画面

　　大远景和远景都适合用来展现广阔、深远的画面，但大远景的拍摄距离更远，更强调对宏大场面的表达，而远景则更注重对人物活动和环境气氛的展示。

6.2　远景的特点与用途

　　远景通常是指拍摄器材从远距离摄取景物和人物的画面。这种画面可以使观众看到广阔深远的景象，从而展示人物活动的空间背景或环境气氛。远景也适合表现规模浩大的人物活动，如炮火连天的战场、千军万马的对阵厮杀等。远景画面更多地用于表现开阔的场景或远处的人物。

大远景景别画面

6.3　全景的特点与用途

全景通常是指展现环境全貌或人物全体的景别。

具体来说，全景可以包括自然风光、建筑物或场景的全貌，以及成年人的全身等。全景镜头旨在表现相对于局部的整体景观与场面，帮助观众更好地理解和感知场景中的环境、空间关系和人物位置。通常用于展现场景的宽广、壮观或宏大，也可以用于展现角色的全身的动作和姿态。

在电影叙事中，全景镜头常常与其他景别（如中景、近景、特写等）交替使用，以创造出丰富的视觉体验和情感共鸣。例如，在展现一个角色的情绪变化时，可以先用全景镜头展现角色所处的环境，再用中景或近景镜头聚焦在角色的面部表情上，从而让观众更好地理解角色的情感状态。

全景景别画面

6.4　中远景的特点与用途

　　中远景比全景画面的取景范围稍微近一些，但仍然包括较大的场景，观众可以看到环境和人物的相对位置。常用于展示主体在环境中的位置、动作以及主体与周围环境的关系。

　　中远景能够在影视画面中营造出更加真实、生动的场景和情境，让观众更好地理解和感受故事中的情感和情节。除了电影、电视剧等影视作品，中远景也常被用于其他类型的视觉媒体，如广告、MV等，这是因为中远景画面可以很好地展示产品、场景等元素与人物的关系，从而突出产品的特点和优势。

中远景景别画面

6.5　中景的特点与用途

　　中景镜头是影视制作中最常用的镜头之一，它能够很好地平衡背景和人物之间的关系，重点表现的是人物的上身动作。

　　中景镜头的语言通常细腻且富有情感，因为距离适中，中景镜头既能够展示人物的动作和姿势，又能够捕捉到他们的表情和情绪，能让观众深入地感受到人物的情感变化，因此非常善于表现人物的身份、人物之间的交流以及相互关系，有利于将人物内心复杂的情感展现出来。比如，在一个对话场景中，中景镜头可以突出人物之间的交流和互动，让观众更好地理解他们之间的关系和情感。

中景景别画面

6.6　中近景的特点与用途

　　中近景是将中景镜头进一步推近，被摄主体相对观众更近，能够清晰展示被摄主体的细节特征，但仍保留一定的背景环境，背景通常有一定程度的模糊或虚化。

　　中近景镜头的语言通常强烈而富有冲击力，可以让观众更加关注人物的情感和动作等，或突出景物的某些局部特征，从而增强画面的情感表达，让观众更容易产生共鸣。

中近景景别画面

6.7　近景的特点与用途

近景拍摄的画面范围较小，环境空间被弱化以突出主体，使得观众的注意力更加集中在被摄主体上。

近景镜头更能突出表现人物的面部神态和情绪，近景画面中人物的眼神交流等细微动作能够增强观众与画面之间的互动和沟通感，常用于表现人物的内心世界和情感状态。除了人物，近景镜头也可以用来突出环境中的景物或物体的局部，以传达特定的情境或氛围。

近景景别画面

6.8　特写的特点与用途

特写镜头通常会填满画面，聚焦于被摄人物的眼睛、嘴唇等关键表情元素，展现出极其清晰的细部质感。特写镜头的语言在情感表达上尤为出色，能够捕捉到人物微妙的表情变化，如眼神的闪烁、嘴角的颤动等，从而传递出角色的内心世界和情感体验。

除了人物，特写镜头还常常用于强调被摄主体的特点，如艺术品的精美细节、建筑的独特构造等，使观众能够更深入欣赏和理解这些特点。

在叙事时，特写镜头能够创造出一种紧张感和悬疑感，通过聚焦关键信息，将观众的注意力牢牢吸引在故事情节上。

特写景别画面

6.9　大特写的特点与用途

相比于一般特写镜头，大特写镜头进一步拉近了观众与被摄主体之间的距离，将画面聚焦于某个局部。这种镜头语言常常用于表现强烈的情感或心理状态。通过大特写，观众能够感受到被摄主体所传递的强烈情感，如愤怒、悲伤、喜悦等，这种情感传递方式往往比言语更加直接和深刻。

此外，大特写镜头还能够创造出一种超现实或梦幻的效果，使观众仿佛置身于一个不同于现实的奇妙世界。在一些艺术电影或实验性作品中，大特写镜头也被用来探索微观世界，揭示出隐藏在表面之下的深层含义。

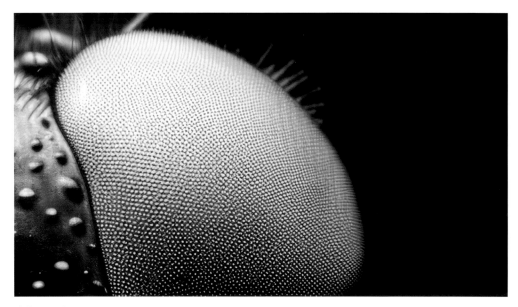

大特写景别画面

6.10　不同景别镜头的时长安排

前文我们分别介绍了各景别的相关特点与用途，我们知道，短视频是由多个不同景别的镜头组成的，在进行后期剪辑时，不同景别的镜头时长安排通常需要根据其视觉表达和剧情需求进行精确设计，才能最大化地呈现出影片的视觉美感和情感表达，为观众带来丰富而深刻的观影体验。

通常情况下，远景镜头用于引入整体背景或场景，时长可以较长，持续几秒到数十秒。全景镜头用于展示更广阔的场景，相比远景镜头更加详细，时长也可以较长，一般在数秒到数十秒之间。中景镜头旨在展示被摄主体及其周围环境的详细特征，时长适中即可。近景则用于强调被摄主体的细节特征或情感表达，时长相对较短，一般在数秒内即可。特写镜头用于放大被摄主体的细节，如人物的面部特征或物体的微观结构，时长通常较短，可以只展示几秒甚至更短。

第7章

短视频画面
构图的艺术

构图在短视频制作中具有至关重要的作用。好的构图可以使画面更加生动、有趣和引人入胜。通过合理的构图，可以创造出令人印象深刻的场景和氛围，提升观众的观看体验，并传达出特定的情感和主题。

7.1　五大构图元素

构图是摄影的基础，也是摄影的灵魂。简单的构图形式很容易学到，但构图的精髓很难吃透。摄影构图是指在摄影画面中，通过点、线、面的组合，将景物更为合理、更为优美地表现出来。常见的构图形式有很多，只是简单地掌握几种构图形式意义并不是很大，关键要明白其原理以及如何应用，也就是要知其然，更要知其所以然。

学习摄影构图，要先了解一些具体的概念，五大构图元素分别为前景、背景、主体、陪体、留白。其中主体是所有元素中最为重要的，其他元素的存在是为了更好地表达主体。

在上图中，区域1为主体；区域2为陪体（与主体形成呼应，产生故事情节）；区域3为前景（使主体在画面中不至于显得突兀）；区域4为背景（修饰、衬托主体，交代环境信息）；区域5为留白

7.1.1　让背景干净起来，以突出主体

干净的背景不会分散欣赏者的注意力，并且能够对画面起到一定的衬托和修饰作用，但实际上，我们在拍摄时，并不是总能轻松找到非常干净、又有一定表现力的背景，如果背景不够干净，我们就需要通过一些技术手段或是调整取景的方向，来让背景变得干净起来。

在右图中，画面表现的是秋风中的芦苇，如果背景杂乱，会对主体的表现力形成较大干扰，我们通过虚化背景的方式，让背景变得柔和干净，就可以实现突出主体的目的

7.1.2　用线条做前景，引导观者视线

在构图时，前景非常重要，它能够起到引导观者的视线、丰富画面的层次等作用。可以这样说，前景利用得好，能够大大提升作品的表现力。

在左图中，围栏作为画面的前景起到两个作用：一是丰富了建筑自身的表现力，黄瓦红墙的建筑庄严肃穆，而浅色的围栏则让整个建筑群体更加完整，表现力更强；二是围栏呈现出一种蜿蜒延伸的线条感，能够将观者的视线引导至远处的宫殿（即主体）上

7.1.3　放大前景，增强画面的立体感与深度

实际上，前景还有另外一个非常重要的作用，通过靠近前景进行拍摄，让前景在画面中所占的比例较大，而远处的被摄对象较小，这种近大远小的空间关系，会让画面显得更加立体、更有深度。一般来说，借助前景来增加画面的空间感和深度时，需要使用中小光圈，并且使用超广角镜头，尽量靠近前景进行拍摄。

左图是在五台山拍摄的一个日落场景。拍摄时，建筑自身稍显有些凌乱，表现力不够，因此我们找到了这一片黄色野花作为前景，并且尽量靠近前景，将其放大，最终得到了这种空间感极强的画面效果

7.1.4　背景交代了时间和环境信息

背景除了可以起到衬托和修饰主体的作用外，大多数情况下，背景还可以用于交代画面拍摄的时间和环境气象等信息。

在左图中，漫天的红霞交代出了拍摄的时间，为日出或日落这一很短的时间段。如果对这个场景比较熟悉，就会知道这是在日落时拍摄的；另外，红霞渲染了整个画面的氛围，让这一场景具有很强的感召力

7.1.5　留白，此时无声胜有声

在中国传统绘画艺术中，常用一些留白来表现水、云、雾、风等景象，有时候这种技法比直接用景物来表达更有意境，可以达到此时无声胜有声的目的。

在构图时，留白可以使画面更协调，减少构图太满给人带来的压抑感，很自然地将读者的目光引导至主体。

留白可以为画面增加一种此时无声胜有声的说服力。在上图中，天空上方有大片的留白，这种留白让画面显得疏密得当，并且天空上方留白也会给人无限的遐想空间

7.2　画面的透视

　　摄影中的透视是指在二维平面内呈现三维物体的艺术，通过线条、色调和空间关系来传达景物的深度、宽度、高度和相对位置，从而给观众营造一种三维立体的视觉效果。

7.2.1　几何透视

　　人眼在看景物时，总会觉得眼前的景物面积较大，而远处的景物面积相对较小，例如人眼在看到近处和远处相同大小的路灯时，会感觉近处的路灯明显大于远处的路灯，这种几何形状在视觉上近大远小的现象，通常被称为几何透视。这种透视规律在摄影中也完全适用，我们可以将相机镜头看作人的眼睛，成像平面即为感光元件（CCD/CMOS），如果我们把几何透视运用到摄影中，会使摄影作品有较好的透视关系，让画面更显立体。

在本案例中，河道由宽及窄的变化及山体近大远小的对比都使画面表现出很强的透视感

7.2.2 影调透视

当光线通过大气层时，由于空气介质对光线的扩散作用，会导致近处景物的明暗反差，轮廓的清晰度和色彩的饱和度看起来比远处的景物更强烈。这种透视规律，称为影调透视。好的摄影作品，特别是在大场景的风光摄影作品中往往几何透视和影调透视规律都非常明显，即线条透视优美、空间感强、意境深远。

在本案例中，近景的水面与远处山景之间形成了强烈的影调透视关系，可以很好地展现出画面的空间感

7.3　不同画幅比例的特点

所谓画幅，是指照片画面的长宽比。本节将介绍几种常见的画幅比例。

7.3.1　1 : 1画幅

从摄影最初的发展来说，1:1画幅比例是一种比较早的画幅形式，主要来源于大画幅相机6:6的比例。后来随着3:2画幅及4:3画幅的兴起，1:1这种画幅比例逐渐变得少见，但对于那些习惯使用大画幅和中画幅相机拍摄的用户来说，1:1画幅比例仍然是他们的最爱。当前许多摄影爱好者为了追求复古的效果，也会尝试1:1这种画幅比例。

1:1的方画幅有利于强化主体对象，并兼顾一定的环境信息

7.3.2　4:3画幅

4:3画幅也是一种历史悠久的画幅比例，20世纪50年代，美国将这种画幅比例作为电视画面的标准。4:3画幅比例能够以更经济的尺寸展现更多的内容，因为相比3:2画幅比例和16:9画幅比例来说，4:3画幅比例更接近圆形。

图中的绿色圆形为成像圈，中间的矩形长宽比为4:3

时至今日，奥林巴斯等相机厂商仍然在生产4:3画幅的相机，并且仍然拥有一定数量的拥趸。毕竟是曾经数十年作为电视画面的标准比例，用户在看到4:3画幅比例的画面时，并不会感到特别奇怪，能够欣然接受。

4:3的画幅比例能够很好地兼顾高度和宽度，使画面结构看起来更规整，适合拍摄静物、风光局部、人物特点等多种题材，可以更好地突出主体

7.3.3　3∶2画幅

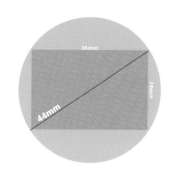

　　虽然3∶2的画幅比例不如其他画幅历史悠久，但它在近年来却几乎一统江湖，这说明3∶2画幅比例是具有一些明显优点的。3∶2画幅起源于35mm电影胶卷，当时的徕卡镜头成像圈直径是44mm，在中间画一个矩形，长边约为36mm，宽边约为24mm，即长宽比为3∶2。由于徕卡当时在业内一家独大，几乎就是相机的代名词，因此3∶2画幅比例很容易就被业内人士接受了。

图中的绿色圆形为成像圈，中间的粉色矩形长宽比为36∶24，即3∶2。虽然3∶2的画幅比例并不是徕卡有意为之，但它更接近黄金比例却是不争的事实，这也成为了3∶2画幅能够大行其道的另一个主要原因

　　在当前消费级数码相机领域，3:2画幅比例是绝对的主流，无论佳能、尼康还是索尼，主要拍摄的画幅比例都是3:2。

3:2的画幅比例具有良好的平衡感和美感

7.3.4　16：9画幅

16:9画幅比例代表的是宽屏系列，除了16:9画幅，还有更宽的18:9画幅、3:1画幅等。

16:9画幅的这类宽屏，起源于20世纪，影院的老板们发现宽屏更节省资源、更容易控制成本，并且也很符合人眼的观影习惯。

人眼是左右分布的结构，在视物时，习惯于从左向右，而非优先上下观察。所以大多数显示设备都做成宽屏

到了21世纪，以计算机显示器为主的硬件厂商，发现16:9的宽屏比例更适合投影播放，并可以与全高清的1920×1080比例相适应，因此开始大力推进16:9的画幅比例。近年来，16:9的画幅比例几乎占据了手机与计算机屏幕的天下，现在已经很少能够看到新推出的4:3画幅比例的显示设备了。

16:9画幅比例能够提供更好的视觉临场感，提供更大的画面空间，增强画面的视觉冲击力和聚焦力

● TIPS ●

专业电影的长宽比大多为2.35:1，这就会导致当我们以16:9长宽比的计算机屏幕进行观看时，上下会有两个黑边。下方的黑边经常被用来放置电影字幕。

7.4 黄金分割与构图

黄金分割与构图是摄影创作中最重要的构图规律之一，本节我们将进行详细讲解。

7.4.1 黄金分割，一切黄金构图的源头

学习构图，黄金分割是必须要掌握的知识，许多构图方式都是由黄金构图演变或是简化而来的，而黄金构图法则又是由黄金分割演化而来的。

古希腊学者毕达哥拉斯发现，将一条线段分成两份，其中较短的线段与较长的线段之比为0.618:1，以该比例进行分割，能够让这条线段看起来更具美感；并且奇妙的是，较长的线段与这两条线段的和之比也为0.618:1。

切割线段的点，称为黄金分割点。在摄影领域，将重要的景物放在黄金点上，会让景物显得比较醒目和突出，同时画面整体也会比较协调自然，这种构图形式就是黄金构图。

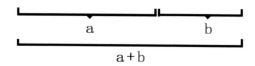

b：a=a：（a+b）=0.618

借助黄金分割，我们可以将画面分为左右、上下各两个部分，两条线的交点位置，我们称其为黄金构图点，实际上这样的黄金构图点总共有4个，这4个位置都可以放置主体，这样既有利于突出主体，又可以让画面充满美感。

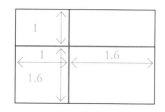

黄金分割在画面中的示意图

左侧最高的建筑位于画面的黄金分割点所在的竖线位置（即黄金分割线），显得既醒目突出，又协调自然

通过黄金分割，使动物（即主体）出现在画面的黄金构图点上，这样可以使动物更加醒目，同时也会让画面更具秩序感和美感

7.4.2 三分构图法与黄金分割构图法的关系

三分构图法是指用线段将画面的长边和高边分别进行三等分，然后将重要的主体安排在线段所在位置的构图方式。其实三分线与黄金分割线所在位置比较近似，只不过三分构图法更加简便。

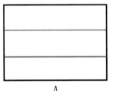

A

B

三分构图法示意图

在左图中，天空的表现力有所欠缺，重点应该表现地景中的人物以及长城，采用三分构图法时，天空占画面的上1/3，而地景部分占据了更大的比例，且人物处在左三分线的位置，画面整体效果更好

7.5 对比构图

画面有对比，就会有冲突，才会变得有故事感，才会耐看。本节我们将分别介绍大小对比、远近对比、明暗对比、虚实对比、色彩对比，以及动静对比。

7.5.1 大小对比

当画面中有多个拍摄对象时，我们可以通过大小对比来强化画面的形式感，使画面变得更有意思，这就是大小对比构图。需要注意的是，进行大小对比的景物最好是同一类型，且最好是在同一个平面内，如果产生了远近的变化，那就不属于大小对比构图了。

在右图中，两只天鹅一大一小，形成了大小对比。其实这种大小对比不仅仅是指面积的大小，也是指天鹅本身年龄的大小，一老一幼，让画面颇具温情

7.5.2 远近对比

远近对比与大小对比有一定的联系，同样也是有大有小，但远近对比还会有距离上的差异。这种对比形式可以使画面内容和层次显得更加丰富，并且有时还蕴含一定的故事情节，让画面更加耐看，更有美感，因为它符合人眼的视觉透视规律。

在上图中，同样大小的牛，由于空间的变化产生了视觉上的大小差异，这就是符合近大远小规律的远近对比构图

7.5.3　明暗对比

一般情况下，明暗对比构图强调的是处于受光面的对象。明暗对比构图的最大优势是能够增强画面的视觉冲击力，使主体显得非常醒目和直观。

在右图中，背景及周边景物处于阴影中，而作为主体的猫咪受窗光照射，形成了强烈的明暗反差。通过明暗对比来强调亮处的对象，这便是明暗对比构图

7.5.4　虚实对比

虚实对比也是一种非常常见的构图形式，其主要特点是以虚衬实，突出主体，强化画面的主题。

在上图中，以虚化的背景衬托清晰的主体。需要注意的是，这种虚实对比一定要确保主体部分是清晰的，另外，也不能让虚化的区域过度虚化，要保留一点轮廓，否则就起不到虚实对比的作用了

7.5.5　色彩对比

在色彩对比中，好的色彩对比效果往往不是随意排列的，而是尽量选择互为补色的两种色彩进行对比，如洋红与绿色、青色与红色、蓝色与黄色，这样更容易产生强烈的色彩对比效果，更有利于表现画面的视觉冲击力。

在上图中，绿色与洋红互为补色，构成明显的色彩对比，使画面的视觉效果强烈

7.5.6　动静对比

动静对比是指利用画面中各元素之间的动静关系，使之形成对比，以达到突出主体的目的。

在右图中，植物的静态与昆虫的动态形成对比。这是花卉摄影中最典型的一种对比构图方式

在上图的舞台画面中，呈现的也是一种动静对比，这是利用速度差来实现的。以相对较慢的快门速度进行拍摄，运动对象的运动速度相对于快门速度来说过于快，相机无法捕捉到它瞬间清晰的画面，因此产生了运动模糊，而画面中运动速度较慢或静止的对象会被清晰记录下来，这样画面中就同时记录下动静不同的状态

7.6 机位的高低与仰俯

拍摄时，机位高低不同，会对拍摄的画面产生较大影响，本节我们将进行详细讲解。

7.6.1 高机位俯拍

高机位俯拍即俯视取景，是指摄影镜头要高于被摄对象，以一种居高临下的方式进行拍摄。采用轻度俯拍的方式可以比较容易地拍摄出景物的高度落差，搭配广角镜头从远处进行拍摄，可以拍摄出广阔的空间感。采用高位俯拍的方式会压缩画面主体的视觉比例，使其投射在广阔的背景上，造成夸张的大小对比。俯视取景搭配广角镜头可用于拍摄大场面的风光作品，如花田、草原等。

高机位俯拍，获得更开阔的视角

7.6.2 低机位仰拍

低机位仰拍即仰视取景，是指镜头向上仰起进行拍摄，画面中被摄对象看起来会更加高大、重要或有气势，如果靠近被摄主体拍摄，还能使画面中的构图元素具有夸张的透视效果。仰视取景时，相机向上仰起的角度也有两种选择，45°左右的仰角可以拍摄出主体高大有气势的形象，例如仰拍美女人像时，可以让人物的腿部更显修长；如果将相机的仰角调整到90°左右，则会营造出一种使人眩晕的画面效果，非常具有戏剧性和压迫感，让画面的冲击力十足。

低机位仰拍，让主体更具气势

7.6.3　平视取景

　　平视取景是指相机与被摄对象处于同一水平面上，这种拍摄角度符合人眼看一般景物时的视觉习惯。平视取景拍摄的画面效果一般比较平稳安定，如果场景比较普通，画面往往会缺乏视觉冲击力。但并不是说，平视取景就不能拍摄视觉冲击力较强的画面，如果要提高画面的视觉冲击力，可以在画面色彩与影调方面进行特殊的处理，或采用特殊的拍摄手法使画面更具有震撼效果。

左图就是通过平视取景拍摄的，
画面看起来比较自然

7.7 横画幅与竖画幅

画幅分为横画幅与竖画幅，所谓横画幅与竖画幅是指拍摄时使用横构图拍摄还是竖构图拍摄。

7.7.1 横画幅构图

横画幅主要用于拍摄风光摄影等题材，它的特点是能够兼顾更多水平方向的景物。横画幅符合人眼的视物习惯，有利于交代拍摄环境，表现出更加强烈的环境感与氛围感。

横画幅构图的画面

7.7.2　竖画幅构图

采用竖画幅构图进行拍摄时，有利于表现单独的主体对象，比如高大的树木、建筑物或站立的人物等，能够强调主体自身的表现力，同时画面的上下两部分的空间也更具延展性。

画幅的选择并不简单，尤其是在拍摄人像时。当你需要重点强调人物的面部表情、肢体动作以及身材线条时，可以选择竖画幅构图，因为它更有利于弱化环境带来的干扰。

竖画幅构图的画面

7.8 常见的几何构图

本节我们将介绍几种常见的几何构图，如水平线构图、竖直线构图、中心构图、对角线构图、三角形构图、框景构图、对称式构图和英文字母构图。

7.8.1 水平线构图

在风光摄影题材中，地平线是最为常见的线条，水平、舒展的地平线能够给人宽阔、稳定、和谐的感受，这类借助地平线的构图称为水平线构图。水平线构图是最基本的构图方法，只要掌握好了水平线，画面整体构图就很少出现重大失误。包括三分构图法等许多构图形式也可以看作对水平线构图的应用。

在拍摄风光作品时，地面与林木、地面与天空、水面与林木、水面与天空等景物组合的构图都可以使用水平线构图来实现；另外，建筑摄影构图中首要解决的问题就是建筑的水平线要保持水平，否则画面整体就会失去协调。

水平线构图的画面

7.8.2　竖直线构图

与水平线构图相对应的竖直线构图也是一种常见的构图形式，能够给欣赏者以坚定、向上、永恒的心理感受。竖直线构图应用的范围要比水平线广泛一些，可以在风光、人像、微距等多种题材中使用。如果要使用竖直线构图，画面中最好不要出现过多的景物，特别是杂乱的线条，否则会影响画面的表现力。具体来看，拍摄树木、建筑物时，竖直线构图比较常见，能够表现出树木的挺拔、坚韧，表现出建筑物的雄伟和气势。

由于人眼的视物习惯是在左右方向进行的，竖直线构图能够打破常规向上下方向进行延伸，因此能够表现出很强的视觉压迫和冲击力。如果能够将景物拉近拍摄，则效果更佳。

竖直线构图的画面

7.8.3　中心构图

　　中心构图是指将被摄主体放在取景画面的正中央进行拍摄。这种拍摄方法比较简单，优点是可以将被摄主体表现得更加突出、明确，画面容易取得上下左右平衡的效果。

中心构图的画面

7.8.4　对角线构图

对角线构图是指主体或重要景物沿画面对角线的方向排列，旨在表现出方向、动感、不稳定性或生命力等感觉。由于不同于常规的横平竖直，对角线构图对于欣赏者来说其视觉体验更加强烈。

在多种摄影题材中都可以见到对角线构图，如风光题材中的对角线构图可以使主体表现出旺盛的生命力，人像题材中的对角线构图能够传达出人物动感的形象，花卉微距题材中的对角线构图可以赋予画面足够的活力。

原本简单的画面，采用对角线构图进行拍摄，让画面充满了生机和活力

7.8.5　三角形构图

三角形构图通常有两种形式，正三角形构图与倒三角形构图。

无论是正三角形还是倒三角形构图，均各有两种解释：一种是利用画面中景物的三角形形状来进行构图，是主体形态的一种自我展现；另一种是画面中多个主体按照三角形的形状分布，从而构成一个三角形的结构。

在拍摄山体时，其本身具有的三角形结构能够让画面传达出一种稳定、牢固的感觉

正三角形构图表现的是一种安定、均衡、稳固的心理感受。多个主体组合的三角形构图还能够传达出一定的故事情节，表达主体之间的情感或其他某种关系。而倒三角形构图表现出的情感恰恰相反，传达的是一种不安定、不均衡、不稳固的心理感受。

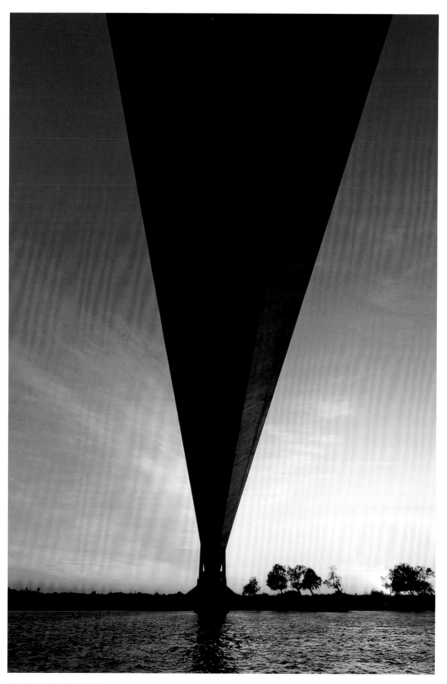

倒三角形构图的画面

7.8.6　框景构图

　　框景构图是指在进行取景时，将画面的重点部位利用门框或是其他框景框出来，引导欣赏者的注意力到框景内的对象。这种构图方式的优点是可以使欣赏者产生跨过门框即进入画面现场的视觉感受。与明暗对比构图类似，使用框景构图时，要注意曝光的控制，因为很多时候边框的亮度往往要暗于框景内景物的亮度，明暗反差较大，这时就要注意框内景物曝光过度与边框曝光不足的问题。通常的处理方式是着重表现框景内的景物，使其曝光正常、自然，而边框允许有一定程度的曝光不足，保留少许细节起到修饰和过渡作用即可。

框景构图的画面

7.8.7　对称式构图

　　对称式构图是指按照一定的对称中心线使画面中的景物具有左右对称或上下对称的结构。这种构图方式的关键点是在于取景时要将水平对称线或竖直对称线置于画面的中间。例如，最为常见的对称式构图是景物与其在水面中的倒影，要获得较好的对称效果，就要尽可能使水岸线位于倒影与实际景物的中间。

　　另外一种对称的形式是景物自身形态的对称，如大部分建筑物、正面人像的面部等。但要注意的是，拍摄景物自身形态的对称时，要将主体置于画面的中央位置。

左右对称式构图的画面

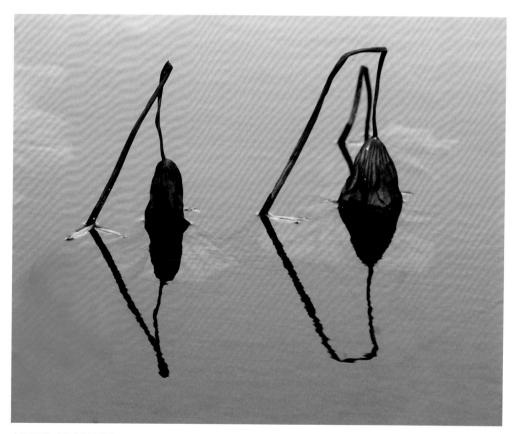

上下对称式构图的画面

7.8.8 多数英文字母均可用于构图

　　S形构图是一种常见的曲线构图形式。S形构图是指画面主体以类似英文字母中的S形呈现的构图方式。S形构图强调的是线条的力量，给欣赏者以优美、活力、延伸感和空间感等视觉体验。一般欣赏者的视线会随着S形线条的延伸而移动，逐渐延展到画面边缘，随着画面透视特性的变化，会使人产生一种空间广袤无限的感觉。S形构图多见于广角镜头的运用中，此时拍摄视角较大，空间比较开阔，景物具有较好的透视关系。

　　风光类题材是S形构图使用最多的场景，海岸线、山中曲折的小道等多用S形构图表现；在人像类题材中，如果主体人物摆出S形造型，则会传达出一种时尚、美艳或动感的视觉感受。

S形构图的画面

　　其实除了S形构图，还有很多英文字母的形状也可用于构图，如Z形构图、L形构图、U形构图、C形构图等。与S形构图类似，其他曲线构图也能给人以活力、优美的视觉体验，但根据具体形状的不同，有些曲线构图还可以传达出和谐、规律、稳定等多种情感。以常见的英文字母来划分曲线构图形式其实是一种比较讨巧的方式，因为我们经常接触这些英文字母，对其已经习以为常，以这些形状进行构图时，更容易被大家接受，不会令人反感。

W形构图的画面

第 8 章

短视频拍摄用光常识

光影是影像作品的灵魂所在，在掌握曝光技术的基础上，合理用光才能使自己的作品焕发出迷人的魅力，否则你的短视频画面就会显得枯燥和乏味。

8.1 直射光与散射光成像的特点

在摄影与摄像创作领域，光线有两种比较明显的属性，分别为直射光和散射光。本节我们将详细介绍这两种光线成像的特点。

8.1.1 直射光成像的特点

光线直接照射到被摄对象时，会形成明显的投影，我们把这种光线叫做直射光。在这种光线下，受光面与阴影面之间有一定的明暗反差，比较容易表现被摄对象的立体特征。直射光线的造型效果比较硬，因此也有人把它叫做硬光。

晴天时没有遮挡的太阳光是比较典型的直射光，照射到被摄对象上时，会产生较大的明暗对比，从而表现出被摄体的立体形状。

直射光的画面效果

8.1.2 散射光成像的特点

如果光源的大部分光线不能直接射向被摄对象，这样在被摄对象上就不会形成明显的受光面和阴影面，也没有明显的投影，光线效果比较平淡柔和，这种光线称为散射光，也叫软光。

典型的散射光有天空光，以及带柔光玻璃的灯具等；环境反射光也大多是散射光，如水面、墙面、地面等反射光。由于散射光的光线软，受光面和背光面过渡柔和，没有明显的投影，因此对被摄对象的形体、轮廓、起伏表现不够鲜明。这种光线柔和，宜用于减弱被摄对象粗糙不平的质感，拍人物时，可柔化人物的肤质，将人物拍得更漂亮。

散射光的画面效果

8.2　光线的方向与画面特点

　　光线照射的方向不同，会对拍摄的画面产生较大影响，本节我们将分别介绍光线从不同方向照射时画面有哪些特点。

8.2.1　顺光拍摄的画面特点

　　顺光拍摄比较简单，也比较容易拍摄成功，这是因为光线顺着镜头的方向照向被摄体，被摄体的受光面成为所拍摄画面的内容，其阴影部分一般会被遮挡住，阴影与受光面的亮度反差带来的拍摄难度就没有了，拍摄过程中曝光就比较容易控制。顺光拍摄的画面中，被摄体表面的色彩和纹理都会呈现出来，但可能不够生动。如果光照射强度很高，还可能导致景物色彩和表面纹理等细节丢失。

　　顺光适合新手练习用光，在拍摄纪录片及证件照时使用较多。在顺光环境下，我们可以借助景物自身的明暗及色彩差别来营造更丰富的画面层次。

顺光的画面效果

8.2.2 侧光拍摄的画面特点

侧光是指来自被摄景物左右两侧，与镜头朝向呈90°角的光线，这样景物的投影落在侧面，景物的明暗影调各占一半，表面结构十分明显，影子修长而富有表现力。采用侧光拍摄，能比较突出地表现被摄景物的立体感、表面质感和空间纵深感，可塑造较强烈的造型效果。侧光在拍摄林木、雕像、建筑物表面、水纹、沙漠等表面结构粗糙的景物时，能够获得影调层次非常丰富的画面，同时画面的空间效果也比较强烈。

侧光的画面效果

8.2.3　斜射光拍摄的画面特点

斜射光又分为前侧斜射光（斜顺光）和后侧斜射光（斜逆光）。整体来看，斜射光不单适合表现被摄对象的轮廓，还能通过阴影部分增加画面的明暗层次，使画面更具立体感。在拍摄风光时，斜射光尤为常见，会给欣赏者立体的感受。

如果对准明暗反差较大的画面中的亮部进行测光，画面中的亮部会曝光相对准确，但是暗部会曝光不足，所以在具体拍摄时，就需要增加一定的曝光补偿，曝光补偿的数值要视明暗反差的程度而定，如果反差较大，则需要较高的曝光补偿数值；如果反差较小，则曝光补偿的值也稍小。

斜射光的画面效果

8.2.4　逆光拍摄的画面特点

逆光是指光源位于被摄主体的后方，照射方向正对相机镜头。逆光下的环境明暗反差与顺光环境完全相反，受光部位（也就是亮部）位于被摄主体的后方。

逆光场景的画面反差很大，利用这一特点，可以拍摄出剪影的效果，使画面极具感召力和视觉冲击力。

剪影是一种非常常见的拍摄方式，在拍摄剪影效果时，对准画面中的高光部位（亮部）进行测光，这样画面中的高光部分就会曝光正常，而主体部分会因曝光不足显示为黑色，黑色的边缘会将主体轮廓很好地勾画出来，形成剪影效果。

逆光的画面效果

8.2.5　顶光与底光拍摄的画面特点

顶光是指来自主体景物顶部的光线，与镜头朝向成90°左右的角度。天气晴朗时，正午的太阳通常可以被视为最常见的顶光光源，另外通过人工布光也可以获得顶光光源。通常情况下，顶光不适合拍摄人像，因为拍摄时人物的头顶、前额、鼻头很亮，而下眼睑、颧骨下方、鼻子下方完全处于阴影之中，这会造成一种反常、奇特的效果。

从被摄对象下方射出的光线称为底光。底光的光影结构与顶光相反，也能使被摄对象产生非正常的效果，属于反常光线，多用于表现特殊的戏剧性效果。底光有时也可用作修饰光，来修饰人物的眼神、衣服或头发等。在拍摄玻璃柜等被摄对象时，底光可增强被摄对象的立体感和空间感。

拍摄人像时，一些反面角色或是恐怖片中的人物可能会用到顶光和底光来进行强化。其他情况下，如果要用顶光或底光拍摄人物，需要借助一些特殊的道具来进行辅助，让人物看起来正常一些。比如说，可以让站在顶光下的人物戴着帽子，来避免其面部不自然的光线效果。

顶光的画面效果

底光的画面效果

8.3　特殊的光影效果

在自然界中，有非常多特殊的光影效果；摄影师也可以通过调整取景角度等来寻找一些特殊的光影效果；这些特殊的光影效果往往可以让画面更具魅力。

8.3.1　半剪影的画面效果

逆光拍摄剪影画面，有时候我们并不需要让逆光的景物完全黑掉，如果能使景物保留一定的画面细节，也会获得令人意想不到的效果。具体来说，即在主体周围保留部分细节，这会在高亮的背景与纯黑的主体之间形成一种视觉缓冲，并最终将观者的注意力吸引到主体上。

在左图中，主体艺术品并未完全黑掉，呈半剪影效果，起到了很好的过渡作用，让画面的层次变化更加理想，并富有一定的艺术气息

8.3.2　透光的魅力

逆光拍摄树叶、花瓣、衣物等较薄的景物时，会产生一种透光的效果，非常漂亮。通常情况下，主体会将光源几乎完全遮住，这样光线会穿过较薄的主体进入相机镜头，最终会给人一种主体轻盈或晶莹剔透的感觉。

利用透光手法表现主体时，有两种方式。一种是选择较暗的背景，这样可以使画面有较强的明暗反差，能够有效突出主体的地位，要拍摄这种效果，光源的位置选择非常重要，虽然为逆光拍摄，但光源不能位于背景中，要与镜头和主体的连线侧丌　定角度，否则就会照亮背景。

另外一种透光效果是光
源位于背景中，但由于主体的
遮挡，使得光源强度降低，这
样也能够表现出主体的透光效
果，但此时画面呈现出高亮度
低反差的效果，并且主体也会
被弱化。

透光的画面效果

8.3.3 迷人的丁达尔光

丁达尔光是一种光的散射现象，非常漂亮。当一束光线透过胶体时，从垂直入射光的方向可以观察到胶体里出现的一条光亮的通路。

丁达尔光的出现需要特定的天气和自然环境，比如清晨和日落时，以及雨后和有雾的山区。这是因为空气中的云雾和烟尘等，可以被视为胶体，因此在这些条件下，会形成丁达尔效应。

在下图中，因为树木的遮挡，整个场景比较幽暗，清晨的阳光透过树叶缝隙后就会产生明显的丁达尔效应，这种扩散的光线效果让画面显得非常漂亮。

丁达尔光的画面效果

第9章

认识各种
视频镜头

镜头是视频创作领域非常重要的一个环节，视频一切的主题、情感、画面形式等都需要有好的镜头作基础。认识各种视频镜头，学习如何表现固定镜头、运动镜头，是非常重要的知识与技巧。

9.1 运动镜头与固定镜头

本节我们将详细讲解运动镜头与固定镜头的概念与特点。

9.1.1 运动镜头的概念与特点

运动镜头是指拍摄器材在运动中拍摄的镜头，也称为移动镜头。它主要是通过改变拍摄器材的机位、镜头光轴或焦距来拍摄画面。

通过移动机位，运动镜头可以使观众感受到画面的动态变化，从而增强视觉冲击力。运动镜头可以跟随移动中的人物或物体，使观众能够持续关注主要元素，同时保持其在画面中的位置。运动镜头还可以在移动中展示更广阔的环境或场景，使观众能够更全面地了解环境布局和背景，并通过快速移动或缓慢移动来传达紧张、兴奋、悲伤等情感，从而增强影片的情感表达。运动镜头可以与音乐或对话相配合，创造出特定的节奏感，使影片更加引人入胜。

运动镜头可以在不同场景之间进行平滑过渡，使观众能够更自然地从一个场景转换到另一个场景。

上图是电影《教父》中一个运动镜头的两个截图：老教父在去世时，通过一个摇动的镜头，暗示着一场巨变即将到来

9.1.2 固定镜头的概念与特点

固定镜头是一种在拍摄过程中，机位、镜头光轴和焦距都保持固定不变的拍摄方式，而被摄对象可以是静态的，也可以是动态的。固定镜头特别适用于展现静态环境，如会场、庆典、事故等事件性新闻的场景。通过远景、全景等大景别的固定画面，可以清晰地交代事件发生的地点和环境。能够较为客观地记录和反映被摄主体的运动速度和节奏变化。与运动镜头相比，固定镜头由于视点稳定，观众可以更容易地与一定的参照物进行对比，从而更准确地认识主体的运动速度和节奏变化。

然而，固定镜头也有其局限性，例如视点单一、构图变化有限等。因此，在使用固定镜头时，需要充分考虑其特点，合理运用，以充分发挥其优势，避免其不足。从摄影技巧的角度来看，固定镜头的拍摄需要摄影师具备较高的构图能力和观察能力。

上图的两个画面显示了一个固定镜头场景，视角固定，车辆从远处缓缓驶来

9.2 运镜相关的概念

本节我们将详细讲解运镜相关的一些知识点。

9.2.1 起幅：运镜的起始

起幅是指运动镜头开始的场面，要求构图好一些，并且有适当的长度。

一般有表演的场面应使观众能看清人物动作，无表演的场面应使观众能看清景色。具体长度可根据情节内容或创作意图而定。起幅之后，才是真正运动镜头的动作开始。

起幅画面1 起幅画面2

9.2.2　落幅：运镜的结束

　　落幅是指运动镜头终结的画面，与起幅相对应。要求由运动镜头转为固定画面时能平稳、自然，尤其重要的是准确，即能恰到好处地按照事先设计好的景物范围或主要被摄对象位置停稳画面。

　　有表演的场面，不能过早或过晚地停稳画面，当画面停稳之后要有适当的长度使表演告一段落。如果是运动镜头接固定镜头的组接方式，那么运动镜头落幅的画面构图同样要求精确。

　　如果是运动镜头之间相连接，画面也可不停稳，而是直接切换镜头。

落幅画面1

落幅画面2

9.2.3　推镜头：营造不同的画面氛围与节奏

　　推镜头是指摄像机向被摄主体的方向推进，或改变镜头焦距使画面框架由远及近向被摄体不断推进的拍摄方法。推镜头有以下画面特征。

　　随着镜头的不断推进，由较大景别不断向较小景别变化，这种变化是一个连续的递进过程，最后固定在主体目标上。

　　推进速度的快慢，要与画面的气氛、节奏相协调。推进速度缓慢，给人以抒情、安静、平和等气氛；推进速度快，则给人紧张不安、愤慨、触目惊心等气氛。

　　推镜头在实际应用中要注意以下两个问题：

　　（1）推动过程中，要注意对焦位置始终位于主体上，避免主体出现频繁的虚实变化。

　　（2）最好要有起幅与落幅，起幅用于呈现环境，落幅用于定格和强调主体。

推镜头画面1　　　　推镜头画面2　　　　推镜头画面3

9.2.4　拉镜头：让观者恍然大悟

拉镜头正好与推镜头相反，是摄像机逐渐远离拍摄主体的拍摄方法，当然也可通过改变镜头焦距，使画面由近及远，与被摄主体逐渐拉开距离。

拉镜头可真实地向观众交代主体所处的环境及与环境的关系。在镜头拉开前，环境是个未知因素，镜头拉开后可能会给观众以"原来如此"的感觉。常用于侦探、喜剧类题材当中。

拉镜头还常常用于故事的结尾，随着主体目标渐渐远去、缩小，其周围空间不断扩大，画面逐渐扩展为或广阔的原野，或浩瀚的大海，或莽莽的森林，给人以"结束"的感受，赋予结尾抒情性。

拍摄拉镜头时，要特别注意提前观察大的环境信息，并预判镜头落幅的视角，避免最终视角效果不够理想。

拉镜头画面1　　　　拉镜头画面2　　　　拉镜头画面3

9.2.5　摇镜头：替代观者视线

摇镜头是指机位固定不动，通过改变镜头朝向来呈现场景中的不同对象，就如同某个人进屋后眼神扫过屋内的其他人员。实际上，摇镜头所起到的作用也在一定程度上代表了拍摄者的视线。

摇镜头多用在狭窄或是超开阔的环境内快速呈现周边环境。比如说人物进入房间内，眼睛扫过屋内的布局、家具陈列或是人物；另一个场景是在拍摄群山、草原、沙漠、海洋等宽广的景物时，通过摇镜头快速呈现所有景物。

拍摄摇镜头时，一定要注意拍摄过程的稳定性，否则画面的晃动感会破坏镜头原有的效果。

摇镜头画面1　　　　　　摇镜头画面2　　　　　　摇镜头画面3

9.2.6　移镜头：符合人眼视觉习惯的镜头

移镜头是指让拍摄者沿着一定的路线运动来完成拍摄。比如说，汽车在行摄过程当中，车内的拍摄者手持手机向外拍摄，随着车的移动，视角也是不断改变的，这就是移镜头。

移动镜头是一种符合人眼视觉习惯的拍摄方法，让所有的被摄主体都能平等地在画面中得到展示，还可以使静止的对象运动起来。

由于画面是在运动中拍摄的，因此机位的稳定性非常重要。影视作品的拍摄，一般要使用滑轨来辅助完成移镜头的拍摄，主要就是为了得到更好的稳定性。

使用移镜头时，建议适当多取一些前景，这些靠近机位的前景运动速度会显得更快，这样可以强调镜头的动感。还可以让被摄主体与机位进行反向移动，从而强调速度感。

移镜头画面1

移镜头画面2

移镜头画面3

9.2.7　跟镜头：增强现场感

跟镜头是指机位跟随被摄主体的运动，且与被摄主体保持等距离地拍摄。这样最终得到主体不变，但景物却不断变化的效果，仿佛就跟在被摄主体后面，从而增强画面的临场感。

跟镜头具有很好的纪实意义，对人物、事件、场面的跟随记录会让画面显得非常真实，在纪录类题材的视频或短视频中较为常见。

跟镜头画面1

跟镜头画面2

跟镜头画面3

9.2.8　升降镜头：营造戏剧性效果

机位在面对被摄对象进行上下方向的运动所进行的拍摄，称为升降镜头。这种镜头可以实现以多个视点表现主体或场景。

升降镜头在速度和节奏方面的合理运用，可以让画面呈现出一些戏剧性效果，或是强调主体的某些特质，比如说可能会让人感觉主体特别高大等。

升镜头画面1

升镜头画面2

升镜头画面3

降镜头画面1

降镜头画面2

降镜头画面3

9.2.9　组合运镜1: 跟镜头与升镜头

首先来看第一种组合运镜，跟镜头接升镜头。之前我们讲过，以较低的视角来跟踪拍摄，画面效果会更理想一些。如果我们在跟镜头的同时，缓慢地将镜头升到人眼的高度，可以以主观镜头的方式呈现出人眼所看到的效果，会给观者一种与画面中人物相同的视角这样一种心理暗示，从而增强画面的临场感。

下面我们来看一下具体的画面，开始是跟镜头，镜头位于人物的后方；在跟镜头的过程中，镜头不断升高，大致达到人眼的高度，之后结束升镜头，继续进行跟镜头拍摄，这样就可以将人物所看到的画面与观者所看到的画面重合起来，增强临场感。

跟镜头画面

跟镜头的同时进行升镜头1

跟镜头的同时进行升镜头2

升镜头到位后继续跟镜头拍摄

9.2.10　组合运镜2: 推镜头、转镜头与拉镜头

再来看第二种组合运镜，这种组合运镜在航拍中也被称为甩尾运镜。其实非常简单，确定目标对象之后，由远及近推进，先是推镜头到达足够近的位置，之后进行转镜头操作，将镜头转一个角度之后迅速拉远，这样一推一转一拉，从而形成一个甩尾的动作，整个组合运镜下来，画面效果会显得非常具有动感，非常炫目。

这里要注意，在中间位置转镜头，镜头的转动速率要均匀一些，不要忽快忽慢；并且距离目标对象的距离也不要忽远忽近，否则画面就会显得不够流畅。

推镜头画面1

推镜头画面2

转镜头画面1

转镜头画面2

拉镜头画面1

拉镜头画面2

9.2.11　组合运镜3：跟镜头、转镜头与推镜头

再来看第三种组合运镜，先是跟镜头，然后转镜头，最后推镜头。这种运镜方式可以多角度呈

现目标对象，包括正面、侧面、背面等，最终定位到人眼所看到的画面，即以一个非常主观的镜头结束，由人物带领观者观看他眼前的画面，给人更好的临场感。

我们来看具体画面，首先，拍摄者不断后退，相对于人物来说，这是一种跟镜头的拍摄；待人物扶住栏杆之后，拍摄者适当后退，然后转动镜头角度，面对人物所看到的方向，进行推镜头拍摄，将镜头沿着人物的视线方向推进，最终定位到人物所看到的场景，从而让观者感同身受。

跟镜头画面1

跟镜头画面2

跟镜头画面3

拉镜头画面

推镜头的同时转镜头

转镜头画面

推镜头画面1

推镜头画面2

9.3　剪辑点与其他常见镜头类型

本节我们将讲解视频剪辑所涉及的一些基本概念和基础理论知识，旨在为后续的剪辑实操打好基础。

9.3.1　什么是剪辑点

剪辑点指的是适合在两个镜头或片段之间转换的点，包括声音或画面的转换。在影视制作中，剪辑点的选择对于保证镜头切换的流畅性和自然性至关重要。

剪辑点可以分为两大类：画面剪辑点和声音剪辑点。其中，画面剪辑点又可以细分为动作剪辑点、情绪剪辑点和节奏剪辑点。例如，动作剪辑点，主要关注主体动作的连贯性。在选择动作剪辑点时，剪辑师注重镜头外部动作的流畅转换，使得不同镜头之间的动作能够自然衔接，增强观众的观看体验。声音剪辑点则包括对白、音乐、音响效果等元素的剪辑点。这些声音元素在影视作品中同样扮演着重要的角色，剪辑点的选择也需要仔细考虑，以保证声音与画面的协调性和整体观感的和谐性。

上图显示的是一个炒菜的场景，前一个镜头以翻炒结束，后一个镜头以盛菜开始，那么翻炒和盛菜的这两个瞬间就可以作为剪辑点，最终让两个镜头非常流畅地衔接了起来

9.3.2 长镜头与短镜头

视频剪辑领域的长镜头与短镜头，并不是指镜头焦距长短，也不是指摄影器材与主体的距离远近，而是指单一镜头的持续时间。一般来说，单一镜头持续超过10s，可以认为是长镜头，不足10s则可以称为短镜头。

长镜头和短镜头在叙事节奏和气氛营造上有不同作用。长镜头通过其连贯性和深度，能够营造一种沉静、稳定的气氛，使观众有充分的时间去品味和思考。而短镜头则因为其快速切换和冲击力，能够迅速吸引观者的注意力，营造一种快节奏、紧张的气氛。

在视频制作中，长镜头和短镜头的选择和运用需要根据具体的剧情、氛围和效果需求来决定。它们各自具有独特的特点和优势，通过合理的运用和组合，可以创造出丰富的视觉体验和情感共鸣。

这段短视频中，最后一个镜头是长镜头，前面几个镜头则是短镜头

9.3.3 固定长镜头

固定长镜头是指在较长的时间内，摄像机保持固定位置、焦距和镜头设置，持续对同一主体或场景进行拍摄的视频镜头。这是电影、纪录片或视频制作中一种常见的拍摄技巧。这种拍摄方式可以带来多种艺术效果和观看体验。

借助固定长镜头，可以给观者一种静态、持续的观察感。并且可以客观地展示被摄主体，不受摄影师主观视角的影响，使观者能够更加真实地感受到被摄主体的变化。让观者的注意力更容易集中在被摄主体上，从而更好地理解和感受主题。

固定长镜头可以创造出一种静态的美感，使画面更加和谐、平衡。

固定镜头画面1

固定镜头画面2

9.3.4　景深长镜头

用拍摄大景深的参数拍摄，使所拍场景的景物（从前景到后景）都非常清晰，并进行持续拍摄的长镜头称为景深长镜头。由于在景深长镜头中近景与远景通常同样清晰，因此可以让观者看到现实空间的全貌和事物的实际联系，从而表达出更为丰富的信息量。

景深长镜头能够以一个单独的镜头表现完整的动作和事件，其含义不依赖它与前后镜头的联结就能独立存在。

景深长镜头强调时间上的连续性、画面空间的清晰度，所以这种视频画面一般具有较强的空间感和立体感，并且可以形成几个平面互相衬映、互相对比的复杂空间结构。

例如，我们拍摄一个人物从远处走近，或是由近走远，用景深长镜头，可以让远景、全景、中景、近景、特写等都非常清晰。一个景深长镜头实际上相当于一组远景、全景、中景、近景、特写镜头组合起来所表现的内容。

景深长镜头画面1   景深长镜头画面2

9.3.5　运动长镜头

用推、拉、摇、移、跟等运动镜头的拍摄方式呈现的长镜头，称为运动长镜头。一个运动长镜头就可能将不同景别、不同角度的画面收在一个镜头中。

运动长镜头是指使用长焦距镜头拍摄运动中的景物，如追逐、比赛等场景。这种拍摄方式可以捕捉到运动中的细节和变化，同时也可以突出主体。在视频制作中，运动长镜头常用于拍摄动作场景，

如追车、追人等，可以让观众更加真实地感受到场景的紧张和刺激。

运动长镜头的拍摄需要使用摄影机的推、拉、摇、移、跟等运动拍摄的方法，形成多景别、多拍摄角度（方位、高度）变化的长镜头。这种拍摄方式需要摄影师具备较高的技术水平和拍摄经验，以确保画面的稳定性和流畅性。

运动长镜头画面1   运动长镜头画面2

第 10 章

常见的镜头组接方式

镜头组接是指镜头连接与组合的技巧，是短视频制作中的关键环节。它不仅是短视频叙事和情感表达的基础，也是提升短视频艺术表现力和观众体验的关键手段。

10.1　空镜头的使用技巧

空镜头又称"景物镜头"，是指不出现人物（主要指与剧情有关的人物）的镜头。空镜头有写景与写物之分，前者称"风景镜头"，往往用全景或远景表现；后者称"细节描写"，一般采用近景或特写。

空镜头常用以介绍环境背景、交代时间与空间信息、酝酿情绪氛围、过渡转场。

我们拍摄一般的短视频时，空镜头大多用来进行衔接人物镜头，实现特定的转场效果或是交代环境等信息。

上图显示的是前后两个人物镜头中间以一个空镜头进行衔接和转场

10.2　常见的镜头组接技巧

大多数短视频都不止一个镜头，而是多个镜头组接起来的综合效果。多个镜头进行组接时，要注意一些特定的规律。常见的镜头组接方式有前进式组接、后退式组接、环形组接、两极镜头组接等。通过这些特定的组接规律来组接镜头，才能让最终剪辑而成的短视频更自然、流畅，整体性更好。

10.2.1　镜头的前进式组接

前进式组接这种组接方式是指景别的过渡由远景、全景，向近景、特写依次过渡，这样景别的变化幅度适中，不会给人跳跃的感觉。这种组接方式通常用于表现由低沉到高昂向上的情绪和剧情的发展。通过循序渐进地变换不同视觉距离的镜头，可以形成顺畅的连接，使观众能够自然地融入剧情，感受到情感的变化。

在拍摄过程中，为了实现前进式组接，需要我们精心选择拍摄角度和景别，确保镜头之间的过渡自然流畅。后期剪辑时，需要我们巧妙地运用剪辑技巧，使各个镜头能够有机地组合在一起，形成完整的叙述结构。

这是在新疆旅游时拍摄的一个短视频，视频开始的镜头是远处的高山牧场，属于远景；之后逐步缩小景别，过渡到近景

10.2.2 镜头的后退式组接

后退式组接与前进式组接正好相反，是指景别过渡由特写、近景逐渐向全景、远景过渡，最终视频可以呈现出细节到场景全貌的变化。

后退式组接的镜头画面，随着镜头的逐渐远离，观众的感觉也会从紧张、细致逐渐过渡到放松、宽广。这种情感的变化可以很好地配合剧情的发展，增强观众的观影体验。

需要注意的是，后退式组接并不是万能的，它的使用应该根据具体的剧情和视觉效果的需要来决定。在剪辑过程中，还需要考虑镜头的长度、节奏、音效等因素，以达到最佳的观影效果。

同样还是在新疆旅游时拍摄的短视频，此时的景别是由近到远来进行后退式组接

10.2.3　两极镜头组接

　　所谓两极镜头，是指镜头组接时由远景接特写，或是由特写接远景，跳跃性非常大。让观者有较大的视觉落差，形成视觉冲击，一般在影片开头和结尾时使用，也可用于段落开头和结尾，不适宜用作叙事镜头，容易造成叙事的不连贯。

由远处的远景牧场直接跳接到特写镜头，这就是一种两极镜头的组接技巧

10.2.4　用空镜头等对固定镜头的组接进行过渡

　　在视频剪辑中，固定镜头尽量要与运动镜头搭配使用，如果使用了太多的固定镜头，容易造成零碎感，不如运动画面可以比较完整、真实地记录和再现原貌。

　　但这并不是说固定镜头之间就不能进行组接，在一些特定的场景中，固定镜头接固定镜头的情况也是有的。比如说，电视新闻节目中不同主持人播报新闻时，中间可能就没有穿插运动镜头进行过渡，而是直接进行组接。

　　在表现同一场景、同一主体，画面中各种元素的变化不是很大的情况下，还必须进行固定镜头的组接，该怎么办呢？其实也有解决办法，那就是在不同固定镜头中间用空镜头、字幕等进行过渡，这样组接后的视频就不再会有强烈的堆砌感与混乱感。

左侧固定镜头接
右侧的运动镜头

10.2.5　主观视点镜头的组接

　　主观视点镜头的组接是指基于人物主观视点的镜头之间的组接。具体来说，是指从视频中人物的视角出发来描述场景、叙述故事，也称为主观镜头。这种技巧通过模拟视频中人物的视觉体验，将观者带入人物的内心世界，从而增强观者的参与感和沉浸感。

　　主观视点镜头的组接也可以用于表现人物之间的交流和互动。例如，在对话场景中，我们可以通过切换不同角色的主观视点镜头来展示他们之间的情感交流和互动，从而增强故事的感染力和表现力。

上图中，通过人物的视角呈现了她的家庭正在发生的惨剧

10.2.6　同样内容的固定镜头组接

　　表现某些特定风光场景时，不同固定镜头呈现的可能是这个场景不同的天气，有流云、有星空、有明月、有风雪，这样进行固定镜头的组接就会非常有意思。但要注意的是，这种同一个场景不同气象、时间等的固定镜头进行组接，不同镜头的长短最好要相近，否则组接后的画面就会产生混乱感。

上图用两个固定镜头显示了颐和园同一个场景不同时间段的天气信息

10.2.7　运动镜头组接时的起幅与落幅

从镜头组接的角度来说，运动镜头的组接是非常复杂和难以掌握的一种技能，特别考验剪辑人员的功底与创作意识。运动镜头之间的组接，要根据所拍摄主体、运动镜头的类型来判断是否要保留起幅与落幅。

举一个简单的例子，在拍摄婚礼等庆典场面的视频时，对不同主体人物、不同的人物动作镜头进行组接，镜头组接处的起幅与落幅要剪掉；而对于一些表演性质的场景，需要对不同的表演者都进行一定的强调，此时对不同主体人物的镜头进行组接，组接处的起幅与落幅可能就要保留。之所以说可能，是因为有时要追求紧凑、快节奏的视频效果，这种情况就需要剪掉组接处的起幅与落幅。

所以，运动镜头之间的组接，要根据视频想要呈现的效果来进行判断，是比较难掌握的。

这种展示类的短视频，最好要有起幅和落幅，这样画面给人的感觉会好很多

10.2.8　固定镜头和运动镜头组接时的起幅与落幅

大多数情况下，固定镜头与运动镜头进行组接，需要在组接处保留起幅或是落幅。如果是固定镜头在前，那么运动镜头起始处最好要有起幅；如果运动镜头在前，那么组接处要有落幅，避免组接后画面显得跳跃性太大，令人感到不适。

上述介绍的是镜头的一般组接规律，在实际应用当中，我们不必严格遵守这种规律，只要让视频整体效果流畅即可。

这个短视频表现的是长城的美景，开始是一个固定镜头，后面接了两个运动镜头

10.3　轴线与越轴

　　轴线组接的概念及使用很简单，但又非常重要，一旦出现违背轴线组接规律的问题，视频就会不连贯，给人感觉非常跳跃，不够自然。

　　所谓轴线，是指主体运动的线路，或是对话人物之间连线所在的轴线。

　　我们看电视剧，如果你观察够仔细，就会发现，尽管有多个机位，但总是在对话人物的一侧进行拍摄，都是在人物的左手一侧或是右手一侧。如果同一个场景，有的机位在人物左侧，有的机位在人物右侧，那么这两个机位镜头就不能组接在一起，否则就则称为"越轴"或"跳轴"。这种画面，除了特殊的需要以外是不能进行组接的。以下案例是一个对话场景，可以看到机位始终位于两人连线的同一侧。

摄像机机位始终处于两个人物连线的一侧

第二章

短视频剪辑基础

本章我们将介绍借助于剪映专业版来对OSMO Pocket 3相机所拍摄的短视频进行剪辑的基本技巧。

剪映是抖音官方推出的一款视频剪辑软件，拥有强大的素材库，支持多视频轨、音频轨编辑的功能。本章将以剪映专业版为例进行讲解，剪映手机版的原理和基本操作也大致相同。

11.1　初识剪映

本节我们讲解如何下载并安装剪映专业版软件，以及如何导入、导出素材。

11.1.1　下载与安装剪映

在安装之前，最好先了解一下剪映专业版对计算机硬件的需求。根据剪映软件的需要，硬件配置分为最低配置和推荐配置两种。对于初学者或偶尔使用的用户而言，使用高于或等于最低配置的硬件即可满足需求。但如果你是专业用户，平时需要处理大量的高清视频，那么推荐配置才是最佳选择。

确认计算机配置无问题后，我们可以从网站下载剪映的安装程序并进行安装。双击下载好的程序后，会出现如图11-1-1所示的安装界面，会默认安装在操作系统所在的磁盘上。如果我们希望更改安装位置，可以点击界面中的"更多操作"，在弹出的界面中选择剪映专业版的安装目录，如图11-1-2所示。

图11-1-1

图11-1-2

点击右侧的"浏览"，如图11-1-3所示，就可以手动选择软件的安装目录。安装程序默认会创建剪映专业版的桌面快捷方式。如果我们不需要桌面快捷方式，则可以取消创建桌面快捷方式前面复选框的勾选，如图11-1-4所示。

图11-1-3

图11-1-4

选择完成后，点击"立即安装"就可以进行程序的安装，如图11-1-5所示。安装过程不需要我们进行任何的干预。安装完成后，可以点击"立即体验"打开软件，如图11-1-6所示。

图11-1-5

图11-1-6

11.1.2　了解剪映工作界面

第一次运行剪映专业版时，软件会进行运行环境检测，如图11-1-7所示。检测完成后，程序会弹出检测结果。我们点击"确定"，如图11-1-8所示。

图11-1-7

图11-1-8

点击"确定"后，会出现如图11-1-9所示的界面。点击左上角的"点击登录账户"图标，如图11-1-10所示，可以进行账户的登录。登录账号后可以使用更丰富的功能，比如使用剪映提供的云服务，使用抖音收藏的素材或音乐。

图11-1-9

图11-1-10

点击"开始创作",如图11-1-11所示,即可进入剪映的剪辑界面,如图11-1-12所示。在剪辑界面中,区域1是媒体素材区,区域2是播放器区,区域3是属性调节区,区域4是时间线区。

图11-1-11

图11-1-12

我们剪辑过程中需要用到的媒体素材主要是在媒体素材区进行导入和管理的。另外,此后期视频剪辑需要的各种特效和工具也是在这里进行添加和管理的。播放器区是我们预览剪辑效果的窗口。属性调节区是用来调整草稿属性和各种参数的地方。时间线区是我们在剪辑过程中需要频繁操作的区域之一,剪辑特效的添加、视频的分割等操作都在这一区域进行。

11.1.3 导入视频素材

我们打开剪映,进入剪辑界面后,在左上角的位置单击"导入"即可将素材添加到剪映中,可以导入视频、音频和图片等文件,如图11-1-13所示。打开素材所在文件夹,单击选中想要导入的视频文件,单击"打开"即可导入至剪映的"本地"文件中,如图11-1-14所示。也可以按住键盘上的"Ctrl"键,单击选中需要的多个文件进行导入。

图11-1-13

图11-1-14

在左上角的媒体素材区,选择已导入素材,即可在预览窗口预览视频播放效果,如图11-1-15所示。确定素材后,即可将素材添加到轨道。有两种方式可将素材添加到轨道,第一种方式是单击素材右下角的蓝色"+",如图11-1-16所示,即可将素材添加到轨道。

图11-1-15

图11-1-16

第二种方法是，长按素材并进行拖动，如图11-1-17所示，将素材移动至时间轴后也可将素材添加到轨道，如图11-1-18所示。

图11-1-17

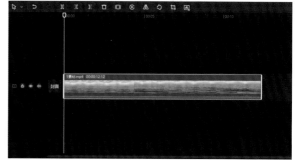

图11-1-18

11.1.4　认识轨道功能

轨道区是非常重要的区域，我们导入的所有素材均可在时间线轨道上显示。我们可以通过移动时间轴，使其在时间线轨道上任意滑动，来查看导入的素材效果，如图11-1-19所示。并且我们可以在时间线轨道上添加音频轨道和字幕轨道，如图11-1-20所示。

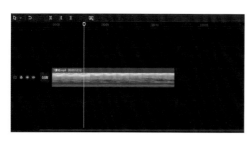

图11-1-19

图11-1-20

此外，轨道区还可以添加各种特效，我们点击"特效"，在"画面特效"中选择"模糊特效"，点击蓝色"+"，如图11-1-21所示，就可以将特效轨道添加到轨道区中，如图11-1-22所示。

图11-1-21

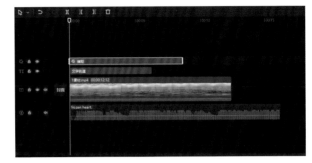

图11-1-22

11.1.5 导出视频素材

完成视频剪辑后，需要将视频保存导出，在素材编辑区上方单击蓝色"导出"图标即可进行导出操作，如图11-1-23所示。点击后，会弹出一个导出编辑框，显示多种导出的视频参数，根据个人视频需要调节后，单击右下角的"导出"即可完成导出，如图11-1-24所示。

图11-1-23

图11-1-24

点击后，窗口会显示正在导出，如图11-1-25所示。导出完毕后，我们可以直接分享至西瓜视频或抖音平台，也可以直接打开文件夹，观看制作完成的视频，如图11-1-26所示。

图11-1-25

图11-1-26

11.2 视频剪辑的基本操作

本节我们讲解使用剪映来剪辑视频的基本操作。

11.2.1 缩放视频素材

在剪映中，我们可以根据需要缩放视频画面，以突出视频的细节。下面介绍在剪映中缩放视频素材的操作方法。

我们打开剪映，进入剪辑界面，单击左上角的"导入"，将视频素材导入到剪映中，并将其添加到下方的轨道中，如图11-2-1所示。我们可以在"播放器"面板中预览视频画面的效果，然后在操作区中的"画面"选项卡中，单击"缩放"右侧的"添加关键帧"，如图11-2-2所示。

图11-2-1

图11-2-2

执行操作后，即可在视频素材的开始位置添加一个缩放关键帧，然后将时间指示器移至视频素材的结束位置，如图11-2-3所示。在操作区中的"画面"选项卡中，将"缩放"参数设置为"120%"，如图11-2-4所示。

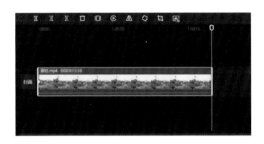

图11-2-3

图11-2-4

此时会自动在视频素材的结束位置添加一个缩放关键帧，如图11-2-5所示。在"播放器"面板中，我们可以查看放大后的视频画面效果，如图11-2-6所示。

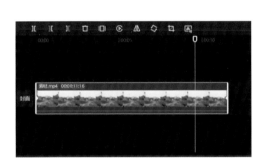

图11-2-5

图11-2-6

最后点击"导出"即将视频导出，如图11-2-7所示。

图11-2-7

11.2.2　变速处理视频素材

在剪映中，用户可以根据自己的需求对视频进行变速处理，使快动作的视频进行慢动作播放，下面介绍在剪映中变速处理视频素材的操作方法。

我们打开剪映，进入剪辑界面，单击左上角的"导入"，将视频素材导入到剪映中，并将其添加到下方的轨道中，如图11-2-8所示。在操作区的"变速"选项卡中，拖动"倍数"下方的滑块至"2.0x"，如图11-2-9所示，对素材进行变速处理。

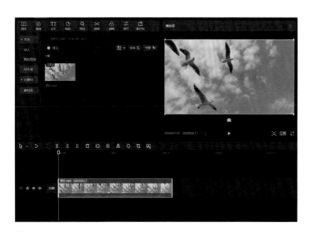
图11-2-8

图11-2-9

执行操作后，在视频轨道中可以查看视频素材的总播放时长，可以看出素材的总播放时长变短了，如图11-2-10所示。

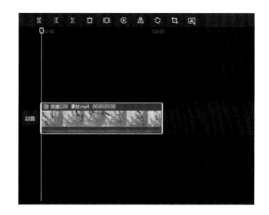
图11-2-10

11.2.3　替换视频素材

替换功能可以将素材中不需要的片段进行替换，将需要的视频片段替换进去以达到想要的视频效果。下面介绍在剪映中替换视频素材的操作方法。

我们打开剪映，进入剪辑界面，单击左上角的"导入"，将视频素材导入到剪映中，并将其添加到下方的轨道中，如图11-2-11所示。在左上角的素材区单击选中所需替换的素材，将该素材长按拖动至替换处，即可进行替换，如图11-2-12所示。

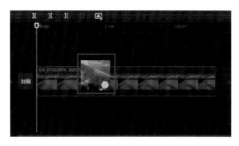

图11-2-11   图11-2-12

在正式替换前，会弹出替换窗口进行提前预览确认，并且可以拖动进度条选择替换视频的片段，如图11-2-13所示。如果替换视频长度较长，系统会进行自动裁剪，使替换片段与被替换视频时长一致。如果原视频中有倒放等特殊效果，勾选左下角的"复用原视频效果"，即可让替换片段继承原片段的视频效果，如图11-2-14所示。

图11-2-13   图11-2-14

最后单击"替换片段",即可进行替换,如图11-2-15所示。

图11-2-15

11.2.4 分割与删除视频素材

如果我们想要将视频中的精华片段筛选出来,给观者更好的体验,快速吸引观者的注意力,需要先进行分割处理,并对视频片段进行选择性删除。下面介绍在剪映中分割以及删除视频素材的操作方法。

我们打开剪映,进入剪辑界面,单击左上角的"导入",将视频素材导入到剪映中,并将其添加到下方的轨道中,如图11-2-16所示。将视频添加到轨道后,按住时间轴并将其拖动至所需分割处,单击"分割"图标,即可完成分割,如图11-2-17所示。

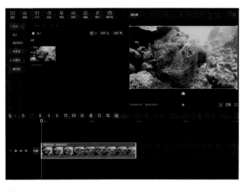

图11-2-16

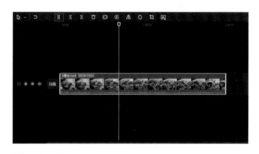

图11-2-17

分割完成后,如图11-2-18所示。选择所要删除的片段,点击"删除",即可删除该片段,如图11-2-19所示。

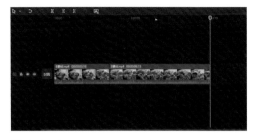

图11-2-18

图11-2-19

操作完成后，效果如图11-2-20所示。

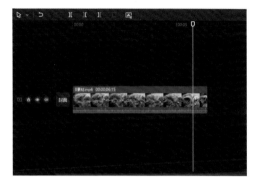

图11-2-20

11.2.5　调整视频素材的顺序

在剪映中，如果我们想要优先处理某一段素材，可以将这段素材移动至最前面。下面介绍在剪映中调整视频素材顺序的操作方法。

我们打开剪映，进入剪辑界面，单击左上角的"导入"，将两段视频素材导入到剪映中，并将其添加到下方的轨道中，如图11-2-21所示。此时轨道区有两段视频素材，我们用鼠标单击后面的视频素材并按住不放，将其拖动到第一段视频素材的前面，如图11-2-22所示，然后松开鼠标即可。

图11-2-21

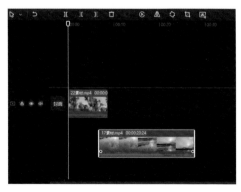

图11-2-22

移动后的效果如图11-2-23所示。

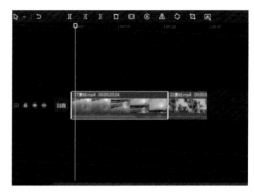

图11-2-23

11.2.6 裁剪视频画面

我们在拍摄短视频时，如果发现视频中有瑕疵或构图不太理想时，可以对视频进行画面裁剪。下面介绍在剪映中裁剪视频画面的操作方法。

我们打开剪映，进入剪辑界面，单击左上角的"导入"，将视频素材导入到剪映中，并将其添加到下方的轨道中，如图11-2-24所示。选中视频素材，单击"裁剪"图标，如图11-2-25所示，会弹出裁剪对话框。

图11-2-24

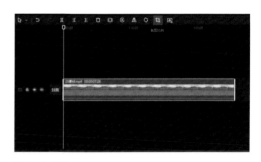

图11-2-25

将裁剪比例设置为"16:9"，如图11-2-26所示。在裁剪对话框的预览窗口中，拖动裁剪控制框对画面进行适当裁剪，然后单击"确定"，如图11-2-27所示，即可完成画面裁剪的操作。

图11-2-26

图11-2-27

在播放区可以预览裁剪后的视频画面，如图
11-2-28所示。

图11-2-28

11.2.7 设置画面比例

使用剪映的比例调整功能，可以自由切换视频比例，能够快速将横版视频变为竖版视频，以便于在不同的设备上发布使用。下面介绍在剪映中如何设置画面比例的操作方法。

我们打开剪映，进入剪辑界面，单击左上角的"导入"，将视频素材导入到剪映中，并将其添加到下方的轨道中，如图11-2-29所示。单击预览窗口右下角的"比例"，会出现下拉列表。在弹出的下拉列表中找到"9：16"的选项，单击选择即可将画布调整为相应尺寸大小，如图11-2-30所示。

图11-2-29

图11-2-30

画面比例调整后的效果如图11-2-31所示。

图11-2-31

11.2.8　设置视频背景

当视频出现横竖版转换时，总是会出现大块的黑色背景，如果用户对此不满意，可以使用剪映的背景功能，修改背景颜色或者更换背景。下面介绍在剪映中设置视频背景的操作方法。

我们打开剪映，进入剪辑界面，单击左上角的"导入"，将视频素材导入到剪映中，并将其添加到下方的轨道中，如图11-2-32所示。我们单击预览窗口右下角的"比例"，即可出现一个下拉列表，在下拉列表中设置画布比例为"9∶16"，如图11-2-33所示。

图11-2-32

图11-2-33

调整后的画面如图11-2-34所示。我们选中视频轨道，在属性调节区中选择"画面"选项，在背景填充中单击打开下划列表，如图11-2-35所示。

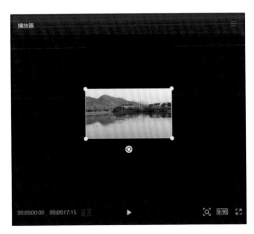

图11-2-34

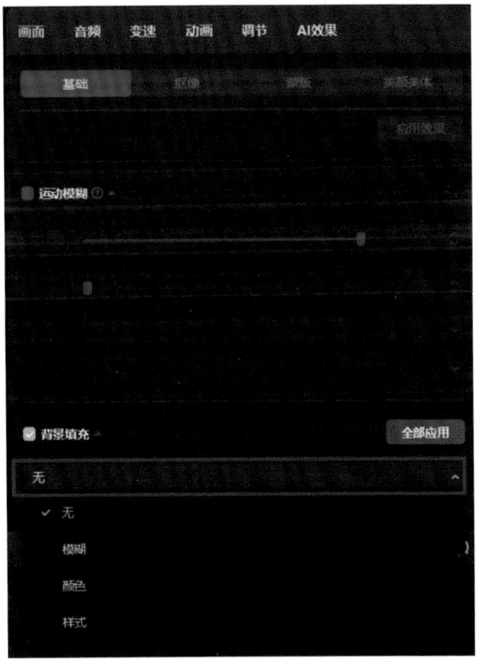

图11-2-35

选择"模糊"即会呈现四种不同程度的模糊背景，模糊的背景与中部的画面相映成趣，如图11-2-36所示。选择"颜色"则会出现多种颜色的色块可供选择，以使画面更加突出，如图11-2-37所示。

图11-2-36

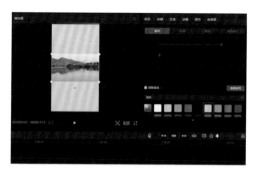

图11-2-37

选择"样式"则可添加不同样式的视频背景，如图11-2-38所示。

图11-2-38

11.2.9　设置视频防抖

在拍摄视频时，如果拍摄设备不稳定，视频画面会有点抖，这时使用剪映中的防抖功能就能稳定视频画面。下面介绍在剪映中设置视频防抖的操作方法。

我们打开剪映，进入剪辑界面，单击左上角的"导入"，将视频素材导入到剪映中，并将其添加到下方的轨道中，如图11-2-39所示。勾选属性调节区"画面"选项中的"视频防抖"，如图11-2-40所示。

图11-2-39

图11-2-40

在下拉列表中选择"最稳定"选项，如图11-2-41所示，即可完成视频的防抖处理。

图11-2-41

11.3　视频剪辑中的功能

本节我们讲解视频剪辑中的功能。

11.3.1　视频倒放功能

剪映中的倒放功能会改变视频的播放顺序，使视频从后往前播放，有时光倒流之感，更能添视频的趣味性。下面介绍剪映中的视频倒放功能。

我们打开剪映，进入剪辑界面，单击左上角的"导入"，将视频素材导入到剪映中，并将其添加到下方的轨道中，如图11-3-1所示。选中视频素材，点击"倒放"图标，如图11-3-2所示。

图11-3-1

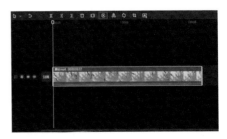

图11-3-2

单击后即可完成倒放处理，如图11-3-3
所示。

需要注意的是，倒放功能会将视频自带的
声音也进行倒放，视频倒放前后的音频效果如图
11-3-4和图11-3-5所示。

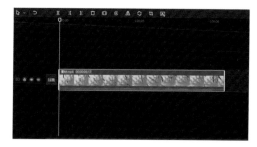

图11-3-3

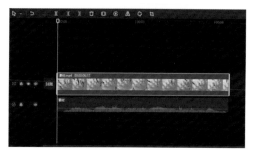

图11-3-4

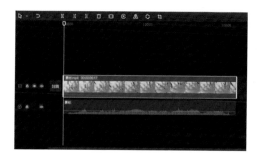

图11-3-5

11.3.2 定格画面功能

定格功能可以将原来的视频画面静止，让视频维持一段时间不动，以起到突出该片段的作用。如
果想强调某个画面或模拟摄影效果，比如使奔腾的海水停住变成静止，就可以使用定格画面的功能。
下面介绍剪映中的定格画面功能。

我们打开剪映，进入剪辑界面，单击左上角的"导入"，将视频素材导入到剪映中，并将其添加
到下方的轨道中，如图11-3-6所示。我们将时间轴移动至想要定格的画面处，单击"定格"图标，如
图11-3-7所示。

图11-3-6

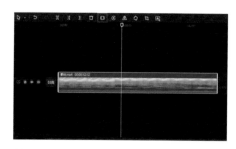

图11-3-7

单击后即可插入一个三秒的定格画面，如图11-3-8所示。如果我们配上相机咔嚓的声音，就可以模拟拍照的效果。我们在功能区单击"音频"，找到"拍照声"的音效素材进行添加，如图11-3-9所示。

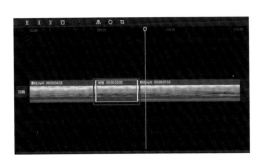

图11-3-8

图11-3-9

然后将音频轨道的位置进行调整，让音频位于定格片段的起始处即可，如图11-3-10所示。

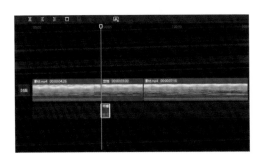

图11-3-10

11.3.3　镜像突出功能

剪映的镜像功能能使视频画面镜像调转，也就是左右颠倒，主要用于画面纠正或者打造特殊的视频效果，下面介绍剪映中的镜像突出功能。

我们打开剪映，进入剪辑界面，单击左上角的"导入"，将视频素材导入到剪映中，并将其添加到下方的轨道中，如图11-3-11所示。我们单击选中主轨道的视频素材，单击时间线轨道上的"镜像"图标，如图11-3-12所示。

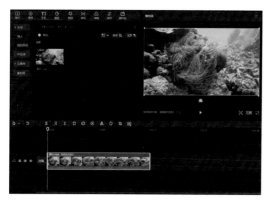

图11-3-11

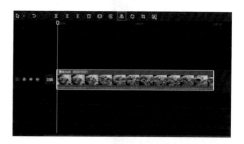

图11-3-12

在预览窗口即可看到画面左右颠倒的镜像效果，如图11-3-13所示。

图11-3-13

11.3.4 旋转校正功能

使用剪映的旋转功能，可以对视频画面进行顺时针90°的旋转，旋转效果可叠加，从而营造一些特殊的画面效果。下面介绍剪映中的旋转校正功能。

我们打开剪映，进入剪辑界面，单击左上角的"导入"，将图片素材导入到剪映中，并将其添加到下方的轨道中，如图11-3-14所示。我们选中主轨道上的视频，单击时间线轨道上方功能图标中的"旋转"图标，如图11-3-15所示，视频即可呈现顺时针90°旋转。

图11-3-14

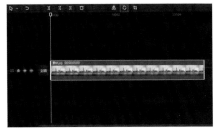

图11-3-15

图11-3-16

再次单击"旋转",即可呈现画面垂直翻转的效果,如图11-3-16所示。我们选择原来的图片素材将其拖动至画中画轨道,如图11-3-17所示。

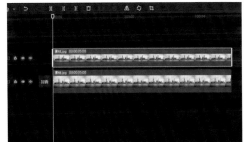

图11-3-17

在预览窗口适当调整主轨道与画中画轨道中图片素材的位置,如图11-3-18所示。最后选择主轨道的图片素材,点击"镜像"图标,如图11-3-19所示。即可使画面呈现镜面倒影效果,如图11-3-20所示。

图11-3-18

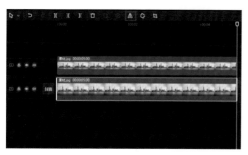

图11-3-19

图11-3-20

11.3.5 磨皮瘦脸功能

剪映中的磨皮瘦脸功能可以对人物进行美颜处理，美化人物的脸部。下面介绍剪映中的磨皮瘦脸功能。

我们打开剪映，进入剪辑界面，单击左上角的"导入"，将图片素材导入到剪映中，并将其添加到下方的轨道中，如图11-3-21所示。在"画面"选项中，点击切换至"美颜美体"选项。在"美颜"选项中将"磨皮"和"美白"滑块拖动至"100"，如图11-3-22所示。

图11-3-21

图11-3-22

接着勾选"手动瘦脸"选项，调整大小和强度，使用画笔对人脸进行瘦脸操作，如图11-3-23所示，即可完成磨皮瘦脸操作。

图11-3-23

第 12 章

短视频调色基础

对于短视频的后期处理，调色是非常重要的。通过调色，可以使视频画面更加出色、更具有吸引力，并传达出所需的情感和意境。通过巧妙地运用调色工具，可以为视频赋予不同的视觉风格，提升整体质量和观赏性。

12.1　认识色调

为了达到唯美的色调效果，我们首先需要认识色调。因此，本节将详细阐述调色的目的和方法，以及如何对画面进行调色处理。

12.1.1　明确调色目的

调色的目的是通过对影像的颜色、亮度、对比度等参数进行调整，以达到一定的艺术效果或者表达特定情感的目的。调色可以改变影像的整体感觉、氛围和视觉效果，使其更加生动、鲜明或柔和。同时，调色也可以用于统一影片的色调风格，增强画面的表现力和吸引力，使观众更好地投入到故事情节中。

12.1.2　如何确定画面整体基调

参考原始素材：如果你是直接对拍摄的原始素材进行调色，那么可以参考素材本身的特点和场景气氛来确定画面的整体基调。

视频风格：视频的风格也是决定画面整体基调的一个因素。如果你拍摄的是纪录片，那么画面的基调可能会更加真实、自然；如果你拍摄的是商业广告，则可能需要更加饱和、明亮的色彩来突出产品的形象。

故事情感：故事情感也是一个影响画面整体基调的因素。如果一部电影的故事情节较为沉重、忧郁，那么画面的基调可能会偏暗淡、饱和度较低，以突出故事的情感。

艺术表现手法：艺术表现手法也可以决定画面的整体基调。例如，使用黑白或单色调的画面处理方式，可以让画面看起来更加抽象、艺术化，从而营造出特殊的氛围和感觉。

12.1.3　如何确定画面风格

剧本或故事情节：根据剧本或故事情节的要求和主题，可以确定适合的画面风格。例如，如果是一部浪漫的爱情片，可以选择柔和、温暖的色调来营造浪漫氛围；如果是一部动作片，可以选择饱和度较高、对比强烈的色彩来增加紧张感。

参考样板或参考影片：可以参考已有的影片或样板来确定画面风格。观察其他电影、电视剧或广告中使用的调色风格，可以从中获取灵感，并根据自己的需求进行调整和创新。

色彩理论和心理学：了解色彩理论和色彩心理学对于确定画面风格也非常有帮助。不同颜色传达不同的情感和意义，可以根据需要选择适合的色彩搭配来表达特定的情感和氛围。

导演或摄影师的意图：与导演或摄影师进行充分沟通，了解他们对于画面风格的期望和意图。他们可能会提供一些具体的指导或参考，帮助你确定适合的画面风格。

实践和尝试：在实践中不断尝试和调整，通过多次实验来找到适合的画面风格。可以使用调色软件提供的预设、滤镜和调色工具来快速尝试不同的效果，然后根据反馈进行调整和优化。

需要注意的是，确定画面风格是一个主观性很强的过程，取决于个人的审美观和创作意图。因此，灵活性和创造力是非常重要的，可以根据实际情况进行调整和变化。

12.2　了解滤镜与调节

剪映的滤镜库提供了多种滤镜，使用户能够轻松地为视频添加各种效果，而使用自定义调节可以使色彩达到最优，本节我们介绍滤镜与调节的基本操作。

12.2.1　了解滤镜库

我们打开剪映，进入剪辑界面，单击"滤镜"，进入滤镜库面板，如图12-2-1所示。滤镜库中有各种类型的选项卡，每个选项中都有各种各样的滤镜供我们使用。选择"风景"选项，如图12-2-2所示，就可以使用风景类的滤镜。

图12-2-1

图12-2-2

12.2.2　添加和删除滤镜

我们打开剪映，进入剪辑界面，将视频素材导入到剪映中，并将其添加到下方的轨道中，如图12-2-3所示。单击"滤镜"，在"风景"选项卡中找到"暮色"滤镜，单击进行下载，如图12-2-4所示。

图12-2-3

图12-2-4

下载后，单击滤镜即可在播放器区预览滤镜效果，如图12-2-5所示。单击滤镜右下角的蓝色"+"，如图12-2-6所示，就可以将滤镜效果应用到视频中了。

图12-2-5

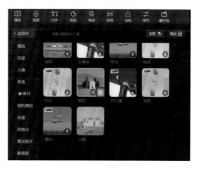

图12-2-6

添加滤镜后，在时间线轨道上会有对应的滤镜轨道，如图12-2-7所示。我们可以拖动滤镜右侧的白色拉杆对滤镜的时长进行调节，如图12-2-8所示。

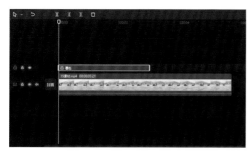

图12-2-7

图12-2-8

单击滤镜轨道，在属性调节区可以对滤镜的属性进行调节，如图12 2 9所示。如果想要删除滤镜，选中滤镜轨道后，单击时间线面板上的"删除"图标即可，如图12-2-10所示。

图12-2-9

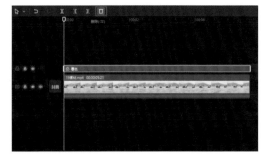

图12-2-10

12.2.3　自定义调节参数

我们打开剪映，进入剪辑界面，单击左上角的"导入"，如图12-2-11所示，将视频素材导入到剪映中，并将其添加到下方的轨道中，如图12-2-12所示。

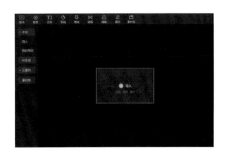

图12-2-11

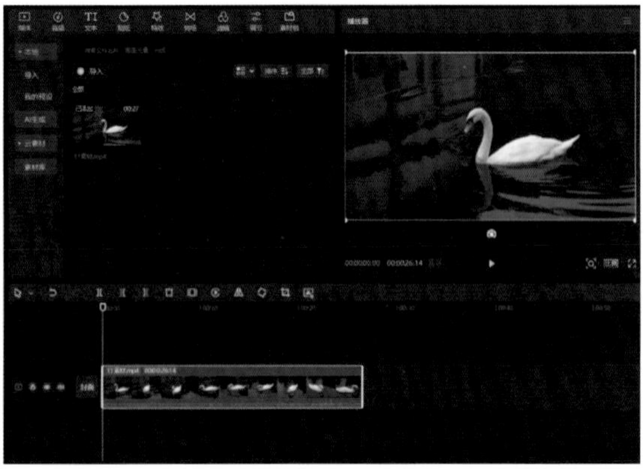

图12-2-12

单击"调节"进入调节面板，然后单击"自定义调节"右下角的蓝色"+"，如图12-2-13所示，即可为视频添加自定义调节。单击后会在时间线轨道上生成调节轨道，并在属性调节区中出现"色温""色调"等调节参数，如图12-2-14所示。

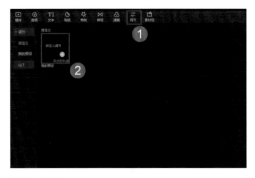

图12-2-13

图12-2-14

12.2.4　设置基础调节参数

我们添加自定义调节轨道后，即可对画面的参数进行调节，从而使画面的色彩达到更好的效果。拖动滑块，提高画面的"亮度""对比度""阴影"以及"光感"，如图12-2-15所示。然后提高画面的"色温""色调"以及"饱和度"，使画面色彩偏暖，如图12-2-16所示。

图12-2-15

图12-2-16

提高画面"锐化"的值，可使画面更加清晰，如图12-2-17所示，最后调整调节轨道的时长，使其与视频的时长一致，如图12-2-18所示。

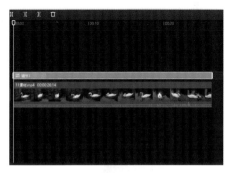

图12-2-17   图12-2-18

12.3 使用滤镜调整视频色彩

本节将介绍透亮滤镜、风景滤镜、美食滤镜、胶片滤镜以及电影滤镜的使用方法，从而帮助用户在进行视频创作时选择合适的滤镜。

12.3.1 透亮滤镜，调出鲜亮感画面

透亮滤镜可以提升视频的清晰度和透明度，使视频看起来更加清晰、自然、明亮。在一些场景中，透亮滤镜也可以用于营造一种清新、明亮的氛围和风格，增强视频的视觉美感。下面我们介绍如何使用透亮滤镜。

打开剪映，进入剪辑界面，单击左上角的"导入"，将视频素材导入到剪映中，并将其添加到下方的轨道中，如图12-3-1所示。我们单击"滤镜"，在滤镜库中找到"透亮"滤镜，点击滤镜右下角的蓝色"+"进行添加，如图12-3-2所示。

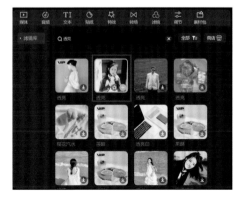

图12-3-1   图12-3-2

我们选中滤镜轨道，在属性调节区对滤镜的强度参数进行调节，如图12-3-3所示。最后调整滤镜轨道的时长，使其与视频时长一致即可，如图12-3-4所示。

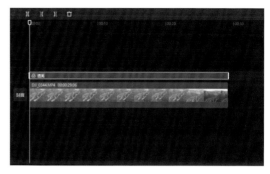

图12-3-3

图12-3-4

12.3.2 风景滤镜，调出小清新风格

风景滤镜可以改变色调，能够让风景的色调更加明亮，色彩更加鲜艳，呈现出更加透亮的效果。下面我们介绍如何使用风景滤镜。

打开剪映，进入剪辑界面，单击左上角的"导入"，将视频素材导入到剪映中，并将其添加到下方的轨道中，如图12-3-5所示。进入滤镜库，在风景选项卡中找到"绿妍"滤镜，单击滤镜右下角的蓝色"+"进行添加，如图12-3-6所示。

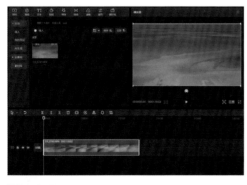

图12-3-5

图12-3-6

单击后会在时间线轨道区生成滤镜轨道，如图12-3-7所示。我们选中滤镜轨道，在属性调节区适当调整滤镜的强度参数，如图12-3-8所示。

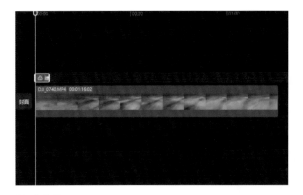

图12-3-7

图12-3-8

最后调整滤镜轨道的时长，使其与视频的长度一致，如图12-3-9所示。

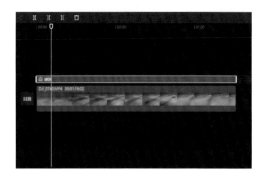

图12-3-9

12.3.3　美食滤镜，让食物更加诱人

美食滤镜主要应用于食物图片中，它能增加食物的视觉诱惑力，使其看起来更加诱人和美味。下面我们介绍如何使用美食滤镜。

打开剪映，进入剪辑界面，单击左上角的"导入"，将食物图片素材导入到剪映中，并将其添加到下方的轨道中，如图12-3-10所示。我们进入滤镜库，在美食选项卡中选择"轻食"滤镜，单击滤镜右下角的蓝色"+"进行添加，如图12-3-11所示。

图12-3-10

图12-3-11

单击后会在时间线轨道区生成滤镜轨道，如图12-3-12所示。我们选中滤镜轨道，在属性调节区适当调整滤镜的强度参数，如图12-3-13所示。

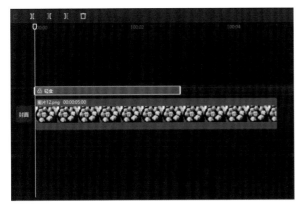

图12-3-12

图12-3-13

最后调整滤镜轨道的时长，使其与视频的长度一致，如图12-3-14所示。

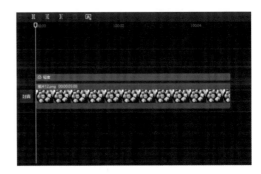

图12-3-14

12.3.4 胶片滤镜，调出高级大片感

胶片滤镜能够模拟市面上多种相机的色调参数，提供多样化的相机色彩效果，从而赋予画面独特的格调和质感。通过使用胶片滤镜，即便是使用普通设备拍摄的素材，也能展现出专业设备拍摄的高级感。下面我们介绍如何使用胶片滤镜。

打开剪映，进入剪辑界面，单击左上角的"导入"，将视频素材导入到剪映中，并将其添加到下方的轨道中，如图12-3-15所示。我们进入滤镜库，在复古胶片选项卡中选择"松果棕"滤镜，单击滤镜右下角的蓝色"+"进行添加，如图12-3-16所示。

图12-3-15   图12-3-16

　　单击后会在时间线轨道区生成滤镜轨道，如图12-3-17所示。我们选中滤镜轨道，在属性调节区适当调整滤镜的强度参数，如图12-3-18所示。

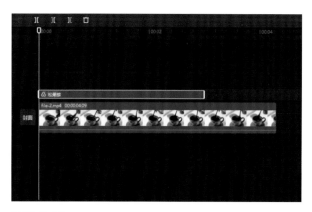

图12-3-17   图12-3-18

　　最后调整滤镜轨道的时长，使其与视频的长度一致，如图12-3-19所示。

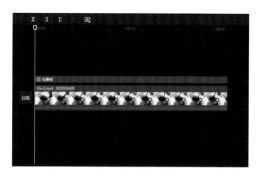

图12-3-19

12.3.5　电影滤镜，调出画面影视感

　　在影视作品中，滤镜的运用至关重要，不同的滤镜能够营造出不同的氛围和环境。通过巧妙运用

滤镜，能够让观众更加深入地理解和感受剧中人物的各种情绪，增强作品的艺术感染力。

　　打开剪映，进入剪辑界面，单击左上角的"导入"，将视频素材导入到剪映中，并将其添加到下方的轨道中，如图12-3-20所示。我们进入滤镜库，在影视级选项卡中选择"敦刻尔克"滤镜，单击滤镜右下角的蓝色"+"进行添加，如图12-3-21所示。

图12-3-20

图12-3-21

　　单击后会在时间线轨道区生成滤镜轨道，如图12-3-22所示。我们选中滤镜轨道，在属性调节区适当调整滤镜的强度参数，如图12-3-23所示。

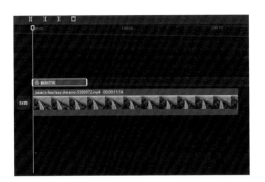

图12-3-22

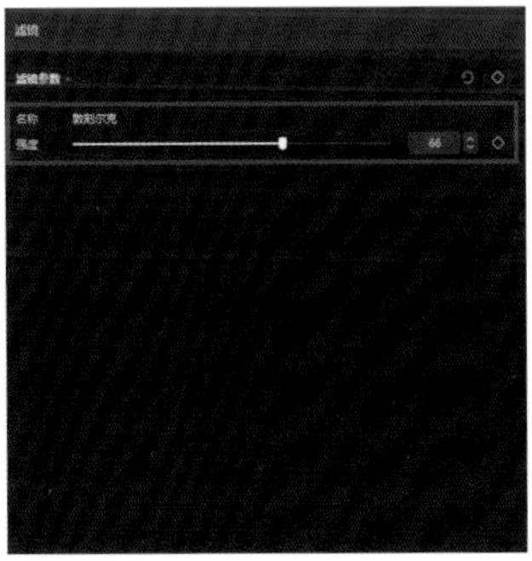

图12-3-23

　　最后调整滤镜轨道的时长，使其与视频的长度一致，如图12-3-24所示。

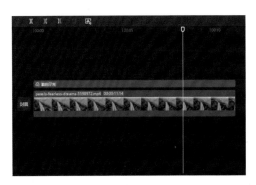

图12-3-24

12.4 掌握5种高级感调色技巧

本节将介绍5种画面高级感的调色技巧，希望读者能够充分掌握这些技巧，并灵活运用于实际调色中，打造出具有高级感的视频色彩效果。

12.4.1 调出夕阳粉紫色调

夕阳粉紫色调能够营造出一种温暖、浪漫、梦幻的氛围，增强画面的视觉冲击力和情感共鸣，下面我们讲解如何调出夕阳粉紫色调。

打开剪映，进入剪辑界面，单击左上角的"导入"，将视频素材导入到剪映中，并将其添加到下方的轨道中，如图12-4-1所示。单击滤镜进入滤镜库，在风景选项卡中选择"橘光"滤镜，单击滤镜右下角的蓝色"+"进行添加，单击后会在时间线轨道区生成滤镜轨道，如图12-4-2所示。

图12-4-1

图12-4-2

选中滤镜轨道，在属性调节区适当调整滤镜的强度参数，如图12-4-3所示。然后调整滤镜轨道的时长，使其与视频的长度一致，如图12-4-4所示。

图12-4-3

图12-4-4

接着我们单击调节按钮进入自定义调节面板，然后单击"自定义调节"右下角的蓝色"+"，如图12-4-5所示，添加自定义调节。选中调节轨道，在属性调节区中提高"对比度"和"阴影"的值，降低"高光"的值，如图12-4-6所示。

图12-4-5

图12-4-6

然后降低"色调"的值，提高"色温"的值，如图12-4-7所示。最后调整调节轨道的时长，使其与视频的长度一致，如图12-4-8所示。

图12-4-7

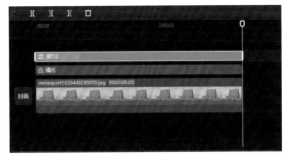

图12-4-8

12.4.2　调出暖系人像色调

暖系人像色调能够给人温馨、和谐、温暖的感觉，突出人物的皮肤质感，营造浪漫、梦幻的氛围，下面我们讲解如何调出暖系人像色调。

打开剪映，进入剪辑界面，单击左上角的"导入"，将图片素材导入到剪映中，并将其添加到下方的轨道中，如图12-4-9所示。我们单击滤镜进入滤镜库，在风景选项卡中选择"绿妍"滤镜，单击滤镜右下角的蓝色"+"进行添加，单击后会在时间线轨道区生成滤镜轨道，如图12-4-10所示。

图12-4-9

图12-4-10

　　我们选中滤镜轨道，在属性调节区适当调整滤镜的强度参数，如图12-4-11所示。最后调整调节轨道的时长，使其与视频的长度一致，如图12-4-12所示。

图12-4-11

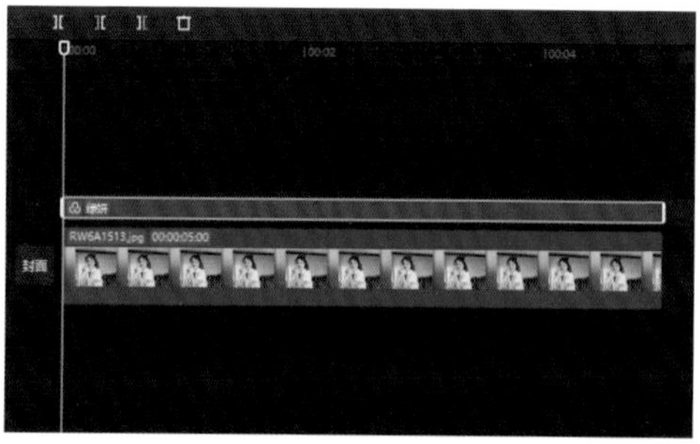

图12-4-12

12.4.3　调出古建筑色调

　　古建筑色调通常比较深沉、古朴，能够给人一种历史悠久的感觉，让人感受到建筑的古老和岁月的沉淀，并且往往与当地的文化密切相关，能够传达出一种地域特色和民族风情，让人领略到不同文化的韵味。下面我们讲解如何调出古建筑色调。

　　打开剪映，进入剪辑界面，单击左上角的"导入"，将图片素材导入到剪映中，并将其添加到下方的轨道中，如图12-4-13所示。我们单击滤镜进入滤镜库，在风景选项卡中选择"橘光"滤镜，单击滤镜右下角的蓝色"+"进行添加，单击后会在时间线轨道区生成滤镜轨道，如图12-4-14所示。

图12-4-13

图12-4-14

我们选中滤镜轨道，在属性调节区适当调整滤镜的强度参数，如图12-4-15所示。然后我们调整调节滤镜轨道的时长，使其与视频的长度一致，如图12-4-16所示。

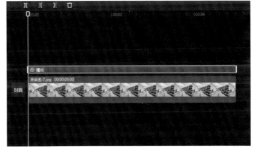

图12-4-15

图12-4-16

接着我们单击"调节"进入自定义调节面板，然后单击"自定义调节"右下角的蓝色"+"，如图12-4-17所示，添加自定义调节。我们选中调节轨道，在属性调节区中提高"亮度"和"高光"的值，降低"光感"的值，如图12-4-18所示。

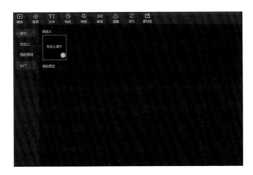

图12-4-17

图12-4-18

然后提高"色温""色调"以及"饱和度"的值,如图12-4-19所示。在"HSL"选项中,单击"橙色",提高其"饱和度",如图12-4-20所示。

图12-4-19

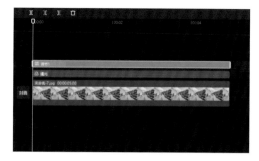

图12-4-20

最后调整调节轨道的时长,使其与视频的长度一致,如图12-4-21所示。

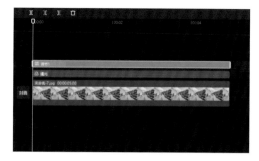

图12-4-21

12.4.4 调出黑金色调

黑金色调可以给人一种高贵、典雅的感觉,非常适合用于展现尊贵、庄重的场合,并且可以让画面更加有层次感,通过明暗、色彩的对比,让画面更加丰富、立体。下面我们讲解如何调出黑金色调。

打开剪映,进入剪辑界面,单击左上角的"导入",将图片素材导入到剪映中,并将其添加到下方的轨道中,如图12-4-22所示。我们单击"滤镜"进入滤镜库,在搜索框中搜索"黑金滤镜",然后选择"纯净黑金"滤镜,单击滤镜右下角的蓝色"+"进行添加,如图12-4-23所示,单击后会在时间线轨道区生成滤镜轨道。

图12-4-22   图12-4-23

我们选中滤镜轨道，在属性调节区适当调整滤镜的强度参数，如图12-4-24所示。最后调整滤镜轨道的时长，使其与视频的长度一致，如图12-4-25所示。

图12-4-24   图12-4-25

12.4.5　调出青橙色调

青橙色调可以创造出一种冷暖交错的视觉效果，营造出特定的氛围和情感效果。同时增强画面的对比度和层次感，使画面更加生动有力。下面我们讲解如何调出青橙色调。

打开剪映，进入剪辑界面，单击左上角的"导入"，将视频素材导入到剪映中，并将其添加到下方的轨道中，如图12-4-26所示。我们单击"滤镜"进入滤镜库，在影视级选项中选择"青橙"滤镜，单击滤镜右下角的蓝色"+"进行添加，如图12-4-27所示，单击后会在时间线轨道区生成滤镜轨道。

图12-4-26

图12-4-27

选中滤镜轨道，在属性调节区适当调整滤镜的强度参数，如图12-4-28所示。最后调整滤镜轨道的时长，使其与视频的长度一致，如图12-4-29所示。

图12-4-28

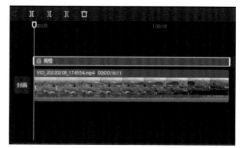

图12-4-29